KB176463

코딩 없이(Low code) 클릭으로 한 번에 빅데이터 분석하기

비주얼 파이썬으로

윤우제, 이래중 지음

목차

머리말

Low code 시대에는 누구나 빅데이터 분석과 친해질 수 있습니다.

이 책은 일반인들 뿐만 아니라 공무원들이 빅데이터 분석을 쉽게 할 수 있도록 구성되었습니다. 많은 분들이 빅데이터 분석에 대한 관심과 열의를 가지고 있지만 실제로 프로그래밍 언어를 학습하여 활용하기까지 많은 어려움을 겪고 있습니다. 특히 파이썬(python)과 같은 언어를 배워서 코딩하는 것은 빅데이터 분석을 더욱 어렵게 만듭니다. 이 책은 코딩을 하지 않고 클릭만으로 빅데이터 분석의 전 과정을 실습해 볼 수 있도록 구성하였습니다. 하지만 궁극적인 목표는 프로그래밍 언어와 친해지는 것입니다. 프로그래밍 언어의 논리 구조와 방법을 클릭으로 자연스럽게 익히다 보면 어느덧 코딩을 쉽게 이해하고 활용하실 수 있게 될 것입니다. 또한 공무원들이 정책을 수립하는 데 활용할 수 있도록 정책 분석 과정을 중심으로 내용을 구성하였습니다.

이 책은 클릭으로 빅데이터 분석을 쉽게 따라할 수 있도록 구성되었습니다.

1장은 비주얼 파이썬에 대한 소개와 활용 범위를 소개하고 있습니다. 비주얼 파이썬은 인터페이스를 통해 코드를 생성해 주는 프로그램으로, 빅데이터 분석에 필요한 모든 기능을 클릭으로 구현할 수 있습니다.

2장은 데이터를 분석하기 위한 준비 과정으로 흔히 전처리 과정(pre-processing)이라고 합니다. 데이터를 불러와서 합치고, 특정 열의 평균값을 구하고 추출하거나 삭제하고, 변수의 이름을 바꾸고 구간을 나누고, 결측치 제거하는 등의 과정입니다.

3장은 빅데이터 알고리즘을 적용하여 결과를 예측하는 모델을 만드는 과정입니다. 데이터 분할, 모델 생성, 학습, 시험, 평가, 그리고 중요 변수 도출 등의 과정으로 이루어져 있습니다.

4장은 빅데이터 알고리즘으로 도출한 결과를 시각화하는 과정입니다. 데이터를 다양한 그래프로 시각화하여 보다 효과적으로 비교 및 분석하는 것입니다.

5장은 지금까지 분석한 결과를 토대로 정책 목표와 문제를 규명하는 과정입니다.

6장은 Low code의 지향점에 대한 이야기를 담았습니다.

많은 독자분들이 프로그래밍 코딩에 좌절하지 않고 친해지는 출발점이 되었으면 합니다. 비주얼 파이썬은 사용자의 편의성을 향상시키기 위해 매주 업데이트를 진행하고 있습니다. 이로 인해 책의 내용과 일부 다를 수 있으므로 책 관련 내용이나 궁금 사항은 저자 이메일(woojebest@gmail.com / leeraejung@gmail.com)이나 비주얼 파이썬 게시판(visualpython.ai/community)에 문의해 주시기 바랍니다.

Chapter 1.

비주얼 파이썬, 도 대 체 너는 누구니?

Chapter 1.

비주얼 파이썬, 도대체 너는 누구니?

1-1.
비주얼 파이썬은 어떻게 탄생했을까요?

비주얼 파이썬(Visual Python)은 데이터 분석이 필요한 IT 관련 비전공자를 위해 만들어졌습니다. AI 알고리즘 활용 및 빅데이터 분석은 이제 거의 모든 업무 분야에서 도입해야 하는 방법론이 되었습니다. 그러나 IT 관련 학문을 전공하지 않은 일반인이 접근하기에는 여전히 많은 어려움이 따릅니다. 모든 작업이 컴퓨터상에서 이루어지며, 프로그래밍 언어(language)를 통해 구현되므로 데이터 분석 관련 기술을 단기간에 습득하는 것은 쉽지 않습니다.

사실 데이터 분석에서 가장 우선시되는 것은 데이터에 대한 이해와 분류, 재구성 등이며 데이터와 업무와의 연관성을 이해하는 것이 무엇보다 중요합니다. 많은 사람들이 AI 알고리즘 및 빅데이터 분석에 대한 내용을 잘 이해하고도 프로그래밍 언어에 대한 장벽 때문에 업무에 활용하지 못하는 것이 현실입니다. 비주얼 파이썬은 코드에 대한 부담을 줄임으로써 데이터 분석의 본질에 좀 더 다가갈 수 있고, 짧은 시간에 업무에 적용할 수 있도록 도와주는 역할을 할 것입니다.

현재 시중에는 프로그래밍 코드 없이 데이터 분석을 할 수 있는 도구들이 많이 나와 있습니다. 그러나 코드를 전혀 사용하지 않고 데이터 분석을 하는 것은 여러 가지 한계가 있습니다. 다양한 분석을 할 수 있는 자유도가 떨어지고, 약간의 수정으로 최적화할 수 있는 부분도 포기해야 합니다. 또한 다른 시스템과의 협업이나 코드의 재활용 등을 통한 생산성 향상도 기대하기 어렵습니다. AI, 빅데이터는 하루가 다르게 발전하고 있는 - 발전 속도가 아주 빠른 분야입니다. 새로운 이론과 방법론을 적용하기 위해서는 프로그래밍 코드를 이용할 수밖에 없습니다. 결국 데이터 분석을 업무에 적절히 적용하기 위해서는 프로그래밍 코드의 활용과 사용상 편리성 모두가 필요합니다. 비주얼 파이썬은 편리한 사용자 인터페이스를 통해 프로그래밍 코드를 생성하는 방법으로 이 두 가지 문제를 해결했습니다.

비주얼 파이썬의 시작은 한 대학원의 강의실에서 시작되었습니다. AI, 빅데이터 분석 및 머신 러닝 강의 시간에 알고리즘 및 데이터에 대한 이해가 충분함에도 불구하고 프로그래밍 코드 구현 때문에 프로젝트를 진행하는 데 어려움을 겪는 학생들이 너무 많았습니다. 또한 데이터 분석 도구로 사용되는 프로그래밍 언어를 배우는 데 너무 많은 시간을 소비하고 있었습니다. 그 학생들을 도와주기 위해 만들기 시작한 작은 프로젝트가 지금은 오픈 소스로 확장되어 일반 대중에게 공개되었습니다. 현재 비주얼 파이썬은 주피터 노트북(Jupyter Notebook), 주피터 랩(Jupyter Lab), 구글 코랩(Google Colab)의 개발 환경을 지원하고 있습니다.

계속해서 비주얼 파이썬은 딥러닝 알고리즘, 이미지 분석, 텍스트 분석 등 다양한 분야의 패키지를 추가할 계획입니다. 아무쪼록 비주얼 파이썬이 프로그래밍 코드에 대한 장벽을 낮추어 AI 알고리즘 활용 및 빅데이터 분석의 대중화에 기여하기를 바랍니다.

GUI-based Python code generator for data science.

Site: https://visualpython.ai

Github: https://github.com/visualpython/visualpython

1-2.
설치는 한 줄이면 되요. 코드 작성 NO, 클릭 YES

비주얼 파이썬 설치는 아주 간단합니다. 주피터 노트북에서 새로운 커널을 열어서 비주얼 파이썬 설치 코드를 입력하고 실행하면 됩니다. 참고로 비주얼 파이썬을 설치하려면 주피터 노트북(주피터 랩, 구글 코랩에서 모두 동작)을 설치해야 합니다. 설치하는 방법은 구글에서 쉽게 찾으실 수 있으니 자세히 다루지는 않겠습니다. 두 줄의 코드를 커널에 입력 후 실행하면 됩니다.

```
!pip install visualpython
!visualpy install
```

[그림 1-1] 비주얼 파이썬 설치

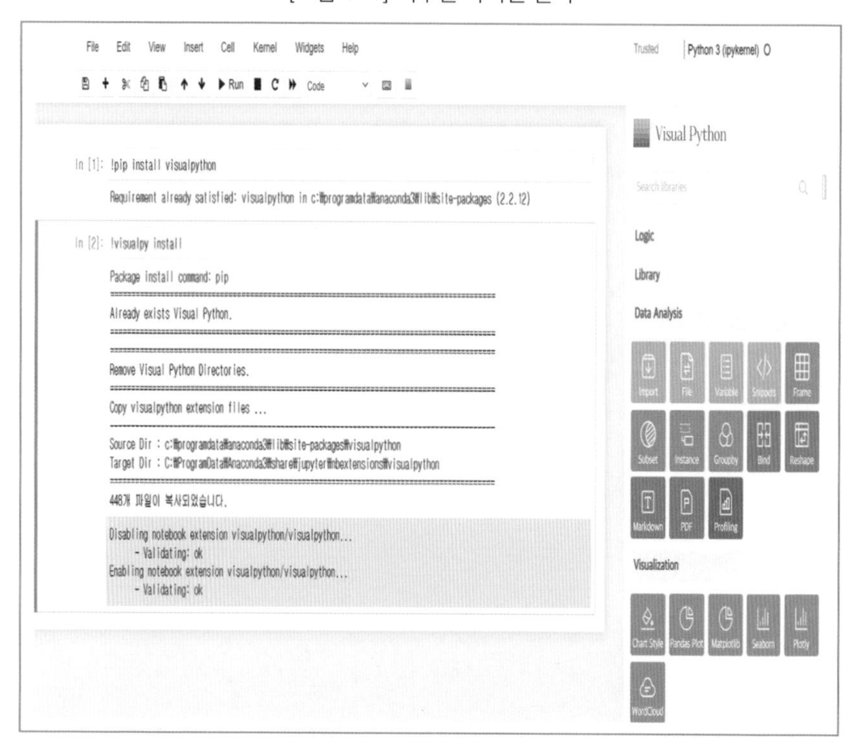

설치가 완료되면 상단 가운데에 오랜지색 버튼이 생겨납니다. 주피터 노트북은 바탕이 흰색이므로 오랜지색 버튼을 쉽게 발견할 수 있습니다. 오렌지색 버튼이 생성되었다면 비주얼 파이썬 설치는 모두 완료가 되었습니다. 그럼 오렌지색 버튼을 눌러보시기 바랍니다. 비주얼 파이썬은 머신 러닝, AI, 시각화 등 빅데이터 분석 알고리즘과 실행 원리에 대한 기본 개념을 알고 있으면 쉽게 실행할 수 있는 앱 기반 분석 도구입니다. 실제로 데이터 전처리, 머신 러닝 지도 학습과 비지도 학습, 그리고 다양한 시각화 분석 도구들을 앱의 형태로 구현해 놓았습니다.

비주얼 파이썬이 우리에게 주는 가장 큰 도움은 바로 코드를 거의 작성할 필요가

[그림 1-2] 비주얼 파이썬 인터페이스

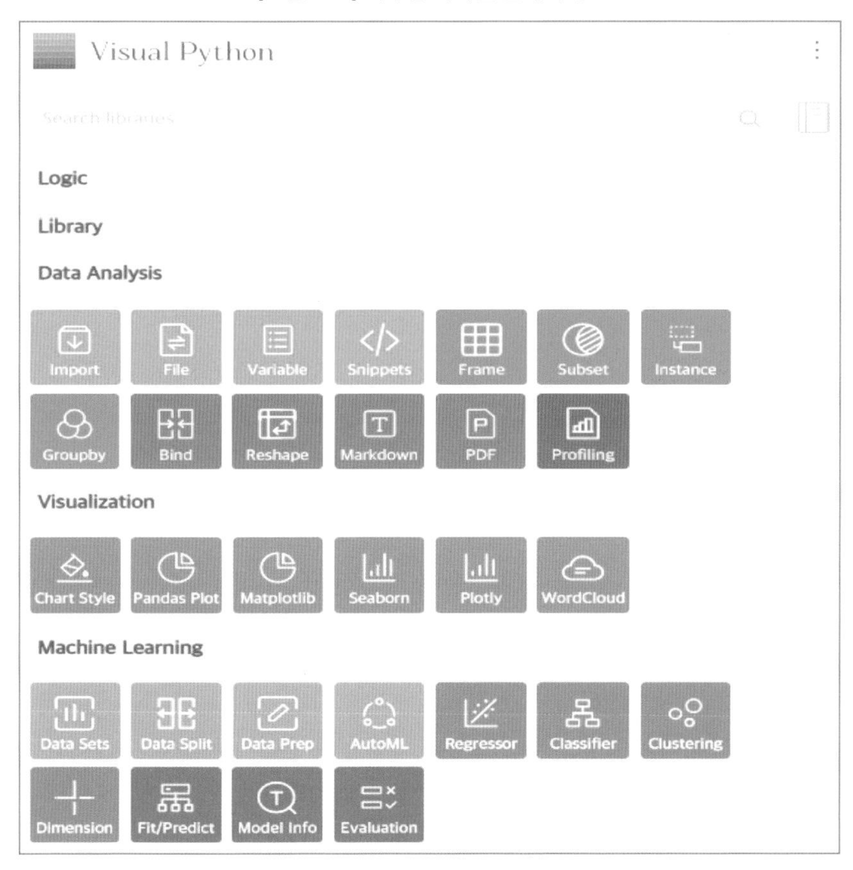

없다는 것입니다. 또한 비주얼 파이썬이 익숙해지면 생성된 코드를 쉽게 이해할 수 있습니다. 코드가 이해되기 시작하면 코드를 구현할 수 있는 자신감이 생기게 됩니다.

비주얼 파이썬은 클릭으로 모든 데이터 분석 처리, 학습, 평가, 시각화 등을 실행할 수 있습니다. 데이터 과학자와 같이 매일 코드를 사용하거나 개발하는 전문가와 달리 일반인들이 코드를 작성하는 것은 결코 쉬운 일이 아닙니다. 물론 구글에서 검색을 하면 필요한 코드를 찾아서 작성할 수 있지만, 이 또한 쉽지 않은 과정입니다. 비주얼 파이썬은 이러한 수고와 어려움을 덜어 주는 아주 고마운 도구입니다. 우리가 코드를 잘 몰라도 사용하려는 빅데이터 분석의 기본 개념, 분석 절차, 그리고 내용을 알고 있다면 흔히 말하는 의식의 흐름대로 비주얼 파이썬의 버튼을 클릭하면 됩니다.

1-3.
비주얼 파이썬, 너는 어디까지 할 수 있니?

그렇다면 비주얼 파이썬은 어디까지 구현이 가능할까요? 보기에는 너무 간단해 보이지만, 실제로는 우리가 상상하는 이상의 것들을 실행할 수 있습니다. 현업에서 필요한 많은 데이터 전처리, 시각화, 그리고 알고리즘 코드를 거의 작성하지 않고 구현할 수 있습니다.

비주얼 파이썬은 Low code(코드 생성)를 지향하는 프로그램입니다. No code가 아닌 Low code를 지향하는 이유는 No code는 플랫폼이 제공하는 기능을 벗어날 수 없기 때문입니다. 결국 이러한 한계는 우리의 업무와 데이터의 특성을 반영해서 자유롭게 데이터를 분석할 수 없게 만듭니다. 하지만 비주얼 파이썬은 코드 생성에 대한 장벽을 낮추면서 데이터 분석에 필요한 다양한 기능(하이퍼 파라미터 등)을 자유롭게 구현할 수 있도록 합니다.

가장 좋은 점은 데이터 전처리에 필요한 모든 기능을 수행할 수 있다는 것입니다. 흔히 데이터 전처리 과정이 분석의 70% 이상을 차지한다고 합니다. 그렇기 때문에 전처리를 위한 수많은 코드들이 존재하고, 외우기도 힘든 수많은 코드를 알고 있어야 합니다. 하지만 비주얼 파이썬은 아주 기본적인 열 이름 변경(pd.rename), 데이터 합치기(pd.merge), 열과 행 삭제(pd.drop) 등은 물론 고급 코드인 스케일링(StandardScaler, MinMaxScaler 등), 원핫인코더(OneHotEncoder) 등에 이르기까지 필요한 대부분의 코드를 우리를 대신해서 만들어 줍니다. 클릭만 하면 자동으로 코드를 생성해 주니 매우 쉽게 데이터를 분석할 수 있습니다.

많은 분들이 빅데이터 분석을 생각하시면 머신 러닝 혹은 기계 학습을 떠올리실 것입니다. 비주얼 파이썬에서 실행 가능한 머신 러닝 모델은 회귀 분석 11개, 분류 분석 11개, 군집 분석 4개, 차원 축소 5개로 총 31개입니다. 대표적으로 지도 학습의 랜덤포레스트, XGB, LGBM, SVM 등과 비지도 학습의 Kmeans, DBSCAN

등 그리고 차원 축소를 위한 PCA, LDA, T-SNE 등이 있습니다. 또한 모델 평가를 위한 Confusion Matrix, Silhouette score, R-squared 등이 있으며, 모델 성능 향상을 위한 다양한 파라미터(parameters)들도 간단하게 실행할 수 있습니다.

데이터 분석에서 가장 많은 부분을 차지하는 것이 시각화입니다. 저자도 머신 러닝 코드보다 시각화 코드가 훨씬 어려웠습니다. 왜냐하면 숫자를 그래프나 그림으로 보여 주기 위해서는 너무나 많은 옵션들이 요구되기 때문입니다. 예를 들면 어떤 그래프를 그릴지, 색깔은 어떤 것이고, X축과 Y축의 데이터 범위는 어떻게 설정할 것인지, 범례의 크기와 위치 등을 모두 코드로 작성해야 합니다. 대략적으로 1장의 그래프를 그리는 데 20줄 이상의 코드가 필요한 경우도 있었습니다. 하지만 비주얼 파이썬은 그동안 어려웠던 시각화 코드 작성 대신 몇 번의 클릭으로 원하는 형태로 그릴 수 있으며, 미리 보기 기능이 있어 조작도 쉽습니다. 비주얼 파이썬은 Pandas plot, Matplotlib, Seaborn, 그리고 Plotly를 활용해서 원하는 형태의 데이터를 시각화할 수 있습니다.

그리고 비주얼 파이썬은 향후 인공지능, 텍스트 마이닝, 자연어 처리 등도 계획하고 있다고 합니다. 그렇다면 우리는 코드를 기억하거나 작성하는 데 들이는 시간을 훨씬 줄일 수 있을 것입니다. 이제 우리에게 정말 요구되는 것은 분석에 필요한 모델 혹은 알고리즘의 개념과 원리, 그리고 프로세스 등을 명확히 이해하는 것입니다. 그리고 이제 누구나 빅데이터 분석을 할 수 있는 시대가 다가오면서 자기 분야에 대한 지식을 바탕으로 얼마나 많은 시행착오를 겪고 분석 경험을 쌓았는지가 더 중요해질 것입니다.

1-4.
비주얼 파이썬으로 무엇을 분석할 건가요?

통계청 장래인구추계 발표(2022)에 따르면, 65세 이상 고령 인구가 2020년부터 빠르게 증가하여 2024년에는 1,000만 명이 넘고 2035년에는 전체 인구의 30%를 차지할 것이라고 전망하고 있습니다. 급격한 인구 구조 변화에 따라 노인 복지 정책에 대한 국민들의 관심과 기대가 높아질 수밖에 없습니다. 이러한 변화에 대응하기 위해 많은 제도와 지원들이 마련되었습니다. 그럼에도 불구하고 노인들의 삶은 우리가 기대하는 만큼 만족스럽지 못한 것 같습니다. 'e-나라지표' 조사에 따르면 60세 이상의 삶의 만족도 3년 평균(2019~2021)이 5.8(10점 만점)로 전체 세대 평균 6.1에 비해 낮은 것으로 나타났습니다. 노인들의 삶의 만족도가 전반적으로 전체 세대 집단에 비해 낮은 현상은 이전보다 다양한 사회적 문제를 발생시킬 가능성이 높습니다. 이러한 노인들의 인구 증가와 낮은 삶의 만족도 등 노인의 삶과 관련된 문제에 보다 효과적으로 대응하기 위한 정책이 필요할 것 같습니다. 우리는 노인들의 삶의 만족을 높일 수 있는 정책을 마련하기 위한 다양한 데이터 분석을 하고자 합니다.

정책분석학의 대표적 학자인 Quade(1989)[1)]는 정책 분석의 단계를 아래와 같이 5개로 정의하면서 문제를 정의하고 목표를 결정하는 형성 단계가 정책 분석에서 가장 중요한 출발점임을 강조하였습니다.

① 형성 단계: 문제를 명확하게 정의 및 제약하고 목표를 결정
② 탐색 단계: 대안을 식별, 설계 및 선별
③ 예측 단계: 미래 환경과 맥락을 예측
④ 모형 활용 단계: 대안의 영향력을 측정하기 위한 모형의 구축 및 활용
⑤ 평가 단계: 목표 달성과 대안의 효과성을 평가

1) Analysis for Public Decisims, by Edward S. Quade ; Elsevier, New York, 1989

또한 MacRae와 Wilde(1985)[2]는 정책 분석은 정책 문제 해결을 위한 다양한 대안들 중 최적의 정책을 선택하기 위하여 데이터(증거)를 분석하는 과정으로, 데이터 분석에 의해 문제와 목표를 합리적으로 정의하고 이를 토대로 대안을 결정해야 한다고 강조하였습니다.

우리의 궁극적 지향점은 노인들의 삶을 행복하게 하는 데 필요한 정책을 설계하고 지원하는 것입니다. 노인들의 삶을 행복하게 하는 것은 정책방향을 설정한 것이고 이것을 달성하기 위한 정책은 구체적으로 정의되어야 합니다. 즉 정책은 우리가 추구하는 가치와 달성해야 하는 가치가 구체화된 정책 목표로 구성되어 있으며, 정책 목표는 보다 명확하게 정의되어야 합니다. 우리가 추구하는 가치에 다다르기 위해서 무엇을 얼마나 변화시켜야 하는지 구체적으로 정의되어야 할 것입니다.

이를 위해서 노인의 삶의 만족도를 예측하는 데 가장 중요한 변수를 머신 러닝 알고리즘을 활용하여 찾아내고자 합니다. 그리고 자신의 삶에 만족하는 노인들과 그렇지 못하는 노인들 간 차이가 무엇인지 시각화를 통해 파악할 것입니다. 이러한 다양한 분석과 시각화를 통해 우리가 접근해야 할 문제와 수립해야 하는 목표를 보다 구체적으로 정의할 수 있을 것입니다.

분석에 활용한 데이터는 고용 조사 분석 시스템의 고령화연구패널조사(https://survey.keis.or.kr/klosa/klosa04.jsp) 제1차 2006년도 설문 자료입니다. 고령화연구패널조사는 2006년도부터 약 1만 명을 대상 대인 면접으로 자료를 수집한 데이터입니다. 주요 설문 내용은 인구, 가족, 경제 상황, 건강 상태 등입니다. 데이터 분석에 있어 모든 문항을 활용하지 않고 일부 중요하다고 여겨지는 문항만을 추출하여 사용하였습니다.

데이터 분석에 필요한 모든 자료는(https://visualpython.ai/community) 게시판 'Data files for the book'에서 다운로드할 수 있습니다.

---

2) Policy Analysis for Public Decision, by Duncan MacRae, Jr. and James A. Wilde. Lanham: University Press of America, 1985

[그림 1-3] 비주얼 파이썬 게시판

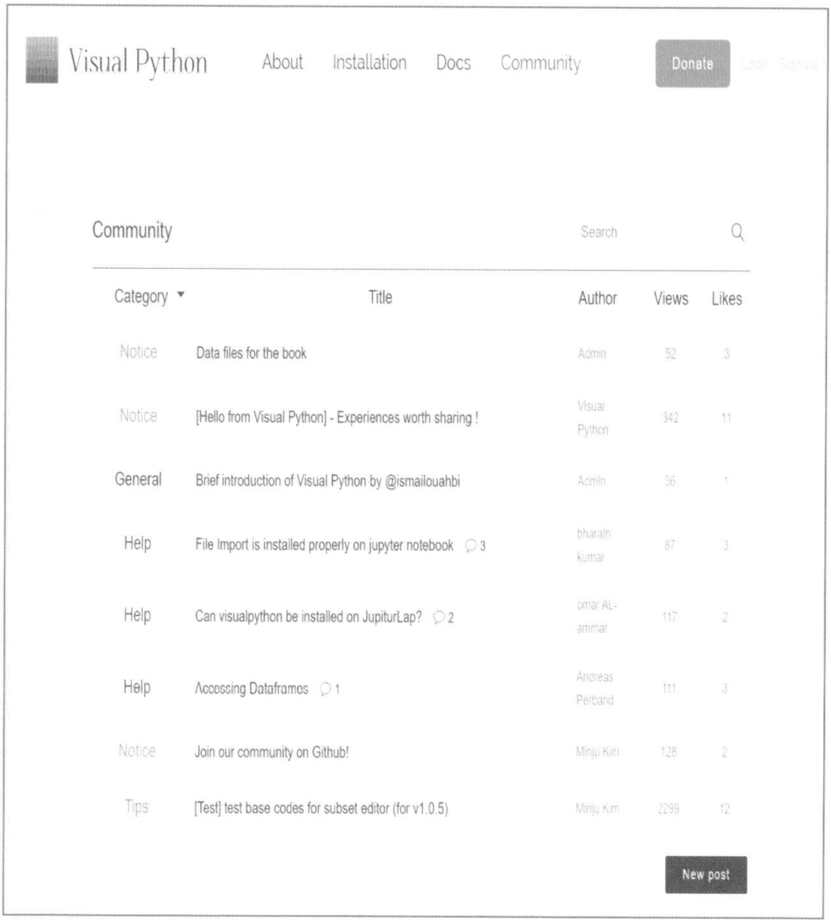

Visual Python About Installation Docs Community Donate

Community Search

Category	Title	Author	Views	Likes
Notice	Data files for the book	Admin	52	3
Notice	[Hello from Visual Python] - Experiences worth sharing !	Visual Python	342	11
General	Brief introduction of Visual Python by @ismailouahbi	Admin	36	1
Help	File Import is installed properly on jupyter notebook 3	bharath kumar	87	3
Help	Can visualpython be installed on JupiturLap? 2	omar AL-ammar	117	2
Help	Accessing Dataframes 1	Andreas Perband	111	3
Notice	Join our community on Github!	Minju Kim	128	2
Tips	[Test] test base codes for subset editor (for v1.0.5)	Minju Kim	2299	12

New post

[그림 1-4] 데이터 파일 화면

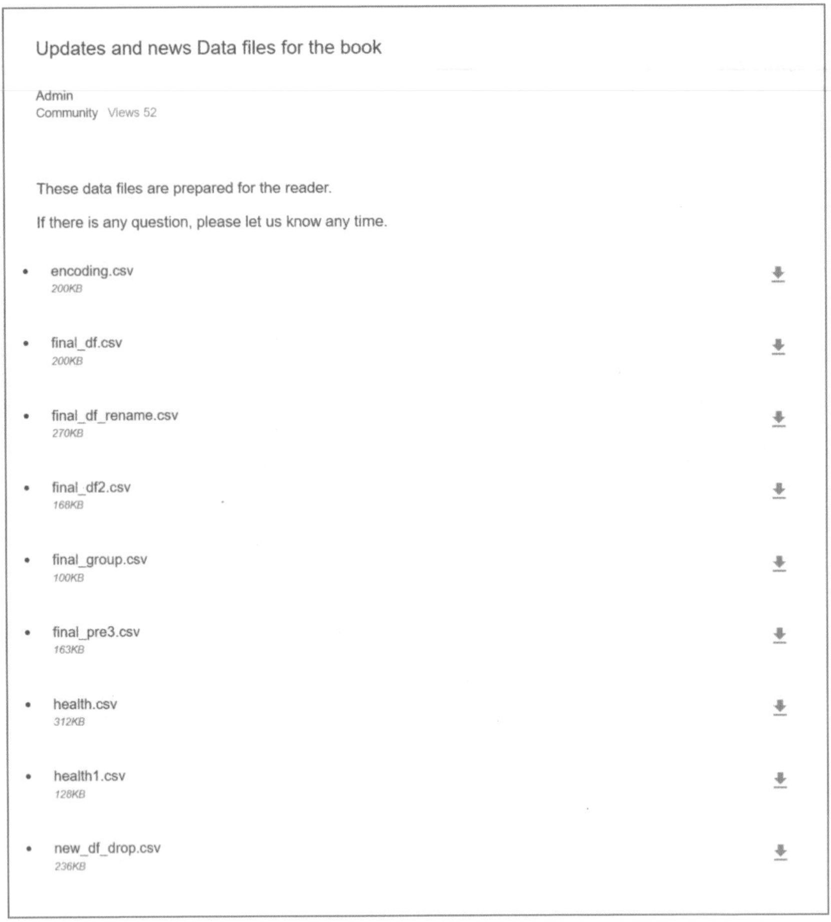

Updates and news Data files for the book

Admin
Community Views 52

These data files are prepared for the reader.

If there is any question, please let us know any time.

- encoding.csv
  200KB
- final_df.csv
  200KB
- final_df_rename.csv
  270KB
- final_df2.csv
  168KB
- final_group.csv
  100KB
- final_pre3.csv
  163KB
- health.csv
  312KB
- health1.csv
  128KB
- new_df_drop.csv
  236KB

Chapter 2.

그럼 준비를 해 볼까요?

Chapter 2.

그럼 준비를 해 볼까요?

2-1. 데이터를 불러 올까요?

정책을 수립하는데 기초가 되는 데이터를 불러오겠습니다. 주피터 노트북을 통해 데이터를 불러오는 과정은 데이터 분석의 첫 단계입니다. 하지만 첫 단계에서 우리는 많은 좌절을 경험하게 됩니다. 우선 Import로 파일을 불러오기 위한 pandas 모듈(module)을 실행해야 합니다. 주피터 노트북은 프로그램 언어, 즉 코드 구현에 필요한 개발 환경을 제공하는 웹 플랫폼입니다. 주피터 노트북은 환경만을 제공하므로 생성된 코드가 동작하기 위해서는 동작에 필요한 모듈에 접근해서 연결시켜 주어야 합니다. pandas는 데이터를 불러오기 위한 도구(method)를 제공해 줍니다.

그리고 주피터에서 원하는 파일을 불러오기 위해서는 파일이 보관된 경로의 주소를 알고 있어야 합니다. 그리고 저장된 파일이 csv, txt, excel 등 어떤 형식인지도 알아야 합니다. 파일 주소와 형식을 알고 있으면 해당 파일 형식에 맞게 pandas library의 read_csv, read_excel 등을 적용해야 합니다. 그렇지 않으면 데이터 분석을 위한 DataFrame으로 저장할 수 없습니다. 또한 파일 형식에 저장된 구분자(쉼표, 띄어쓰기 등)에 따라 알맞은 파라미터들을 지정해 주어야 합니다. 예를 들면 실습을 위한 첫 번째 데이터를 불러오려면 다음과 같은 코드를 작성해야 합니다. 두 줄밖에 안 되는 코드지만 만약 이 코드를 작성할 수 없으면 데이터 분석은 시작조차 하기 어렵게 될 수 있습니다.

```
Import pandas as pd
new_df_drop = pd.read_csv('./new_df_drop.csv',
                    delimiter=None, encoding='cp949')
```

하지만 비주얼 파이썬으로 클릭 몇 번으로 필요한 파일을 아주 간단하게 불러오고 저장할 수 있습니다. 그럼 파일을 불러와 볼까요?

[그림 2-1] 파일 불러오기

Step 1. 파일 불러오기

① 상단 중간에 있는 오렌지색 버튼을 클릭한다.

② 오른쪽 오렌지색에 있는 'File' 버튼을 클릭한다.

③ 새로운 창이 나타나면 'File Type'에서 'csv'를 선택한다.

④ 파일 경로를 지정하기 위해 'File Path'에 있는 폴더 그림을 클릭한다.

⑤ 저장된 폴더에서 'new_df_drop.csv' 파일을 클릭한다.

⑥ 파일을 저장하기 위해 'Allocate to'에 new_df_drop를 기입한다.

⑦ 'Additional Options'의 'Encoding'에서 'cp949'를 선택한다.

⑧ 왼쪽 아래 'Code view'를 클릭한다.

⑨ 'Run'을 클릭한다.

[그림 2-2] new_df_drop.csv 파일 불러오기 결과

```
# Visual Python: Data Analysis > file
new_df_drop = pd.read_csv('./new_df_drop.csv', encoding= 'cp949')
new_df_drop
```

	pid	w01A006	w01A012	w01A016	w01A017m03	w01edu	w01A001_age	w01gender1	w01region1	w01region3	...
0	22	1	NaN	10	0	4	52	1	11	1	...
1	52	1	NaN	10	0	1	60	5	11	1	...
2	62	1	NaN	10	0	1	62	5	11	1	...
3	82	1	NaN	10	0	2	61	1	11	1	...
4	111	1	NaN	4	0	1	60	1	11	1	...
...	...	...	...	...	...	...	...	...	...	...	...
1981	61311	1	NaN	1	0	4	45	5	38	3	...
1982	61352	1	NaN	7	0	1	62	1	38	3	...
1983	61511	1	NaN	2	0	1	54	1	38	3	...
1984	61531	1	NaN	4	0	3	48	5	38	3	...
1985	61532	1	NaN	2	0	3	53	1	38	3	...

1986 rows × 38 columns

대부분의 파일들은 csv 혹은 excel 등의 파일 형태로 저장되어 있을 것입니다. 우리 파일은 csv(쉼표로 구분, comma-separated values) 형식으로 저장되어 있

습니다. ④에서 파일을 찾는 방법은 윈도우의 파일 찾기 방법과 동일합니다. 왼쪽에 있는 'Desktop'을 클릭하시면 바탕화면에 있는 폴더들이 나타납니다. 저장된 폴더에서 파일을 찾아 클릭해 주면 됩니다. ⑥은 우리가 불러온 파일을 처리하기 위해서 데이터를 변수에 할당해 주는 기능입니다. 컴퓨터 메모리에 변수를 할당하지 않으면 데이터를 처리할 수가 없습니다. ⑦ 'Additional Options'는 파라미터들로서 여러 가지 기능들이 있습니다. 'Additional Options'에 'cp949'를 추가하는 이유는 읽어 올 데이터 파일의 한글 표기법에 대한 기준을 설정해 주기 위해서입니다. 보통 MS-Windows는 'cp949'가 기본값이고 Mac OS나 Linux는 'utf8'이 기본값입니다. 이 설정값이 맞지 않으면 파일의 데이터가 이상한 언어로 깨져서 나타납니다.

⑧에는 지금까지 클릭한 내용을 코드로 볼 수 있는 'Code view' 버튼이 있습니다. 어떤가요? 비주얼 파이썬은 코드를 자동으로 생성해 줍니다. 이 버튼은 앞으로 코드를 이해하는 데 중요합니다. 또한 어떤 코드를 사용했는지 알 수 있으므로 나중에 코드만 복사해서 재사용할 수 있는 매우 유용한 기능입니다.

이제 데이터 분석을 위한 첫 단계가 모두 끝났습니다. 1986개 행과 38개의 열을 가진 파일을 불러와 변수에 할당했습니다. 기본적으로 파이썬 인덱스는 0부터 시작합니다. 따라서 행이 0부터 1985까지 있는 것을 확인할 수 있습니다.

여기서 import를 실행하지 않았음에도 데이터를 불러올 때 오류가 발생하지 않는 것을 알 수 있습니다. 이는 비주얼 파이썬의 또 다른 장점입니다. 기본적으로 필요한 모듈은 코드를 자동으로 생성해서 오류 없이 작동할 수 있도록 해 줍니다. 하지만 모든 모듈을 불러오지는 않기 때문에 필요한 모듈을 불러와야 할 때도 있습니다. 이것 또한 쉽게 불러올 수 있도록 되어 있습니다.

그러면 나머지 'health.csv'와 'health1.csv' 파일도 동일한 과정으로 불러와 각각 'health'와 'health1'로 저장해 주세요.

[그림 2-3] health와 health1 파일 불러오기 결과

```
# Visual Python: Data Analysis > file
health = pd.read_csv('./health.csv', encoding= 'cp949')
health
```

	pid	w01smoke	w01alc	w01bmi	w01adl	w01mmse	w01chronic_sum
0	11	0	3	25.969529	0	29.0	1
1	21	0	3	23.634033	0	30.0	0
2	22	2	1	25.510204	0	29.0	0
3	31	0	3	21.027923	3	12.0	3
4	41	0	3	20.284799	0	23.0	1
...	...	...	...	...	...	...	...
10249	61691	0	3	NaN	0	13.0	1
10250	61701	2	2	21.671258	0	27.0	1
10251	61702	2	1	20.000000	0	16.0	1
10252	61711	2	3	19.377163	0	29.0	0
10253	61712	0	2	NaN	0	14.0	2

10254 rows × 7 columns

```
# Visual Python: Data Analysis > file
health1 = pd.read_csv('./health1.csv', encoding= 'cp949')
health1
```

	pid	w01body	w01dep1
0	11	2.0	0
1	21	3.0	0
2	22	2.0	0
3	31	4.0	0
4	41	4.0	0
...	...	...	...
10249	61691	1.0	0
10250	61701	4.0	0
10251	61702	4.0	1
10252	61711	4.0	0
10253	61712	NaN	1

10254 rows × 3 columns

2-2.
데이터를 청소하고 정리해 볼까요?

많은 데이터들은 우리가 생각하는 만큼 친절하지 않습니다. 이들은 마치 장마철 범람한 강의 주변 모습과 비슷합니다. 범람 후 강 주변은 상류에서 떠내려온 각종 오물과 강 깊은 곳에 있던 쓰레기로 뒤엉켜져 있습니다. 강 주변을 청소하고 정리하지 않으면 사용하기 어려운 땅으로 남게 됩니다. 데이터도 마찬가지입니다. 분석을 위해서는 데이터를 잘 청소하고 정리해야 합니다. 하지만 데이터를 청소하고 정리하는 것은 데이터 분석보다 몇 배나 힘들고 어려운 과정입니다.

우리가 불러온 데이터는 빅데이터를 다루기 위해 만들어진 파이썬 패키지인 pandas의 DataFrame으로 저장되어 있습니다. 따라서 pandas의 수많은 API (Application Programming Interface)를 활용할 줄 알아야 합니다. 그러나 세기도 어려운 수많은 API와 파라미터들을 외우거나 검색을 통해서 활용하기란 여간 어려운 일이 아닙니다. 본 책에서는 기본적으로 가장 많이 활용되는 기능을 중심으로 데이터를 청소해 보도록 하겠습니다.

우선 3개의 파일을 1개로 합쳐 보도록 하겠습니다. 실제로 현업에서는 다양한 파일을 합치는 것이 매우 중요합니다. 가장 이해하기 쉬운 기능은 pandas.merge()입니다.

영어 단어 'merge'의 뜻처럼 파일을 합친다고 이해하면 됩니다. pandas.merge()는 기준이 되는 파일의 열을 중심으로 합치고 싶은 데이터를 행의 방향으로 합치는 것입니다. 지정한 파일의 열을 기준으로 옆으로 붙인다고 생각하면 됩니다. 'new_df_drop'를 기준으로 차례대로 'health'와 'health1'을 합치겠습니다.

[그림 2-4] new_df_drop과 health 파일 합치기

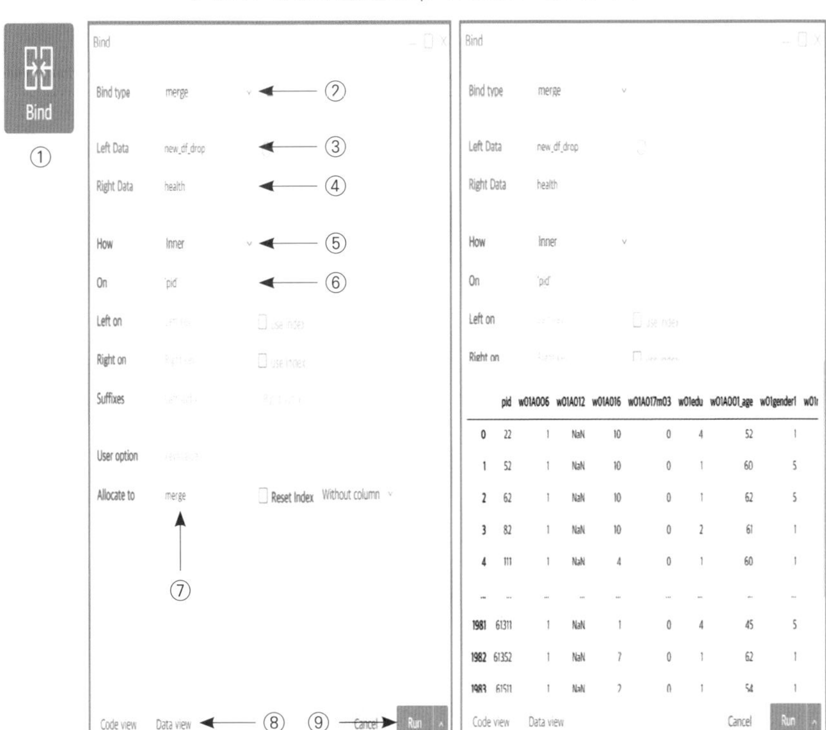

Step 1. new_df_drop과 health 파일 합치기

① 비주얼 파이썬 오렌지색 창에서 'Bind' 버튼을 클릭한다

② 'Bind type'에서 'merge'를 선택한다.

③ 'Left Data'에서 'new_df_drop'를 선택한다.

④ 'Right Data'에서 'health'를 선택한다.

⑤ 'How'에서 'Inner'를 선택한다.

⑥ 'On'에서 'pid'를 오른쪽으로 이동하고, 'OK'를 클릭한다.

⑦ 'Allocate to'에 merge를 기입한다.

⑧ 왼쪽 아래에 있는 'Data view'를 클릭한다.

⑨ 'Run'을 클릭한다.

[그림 2-5] new_df_drop과 health 파일 합치기 결과

```
# Visual Python: Data Analysis > Bind
merge = pd.merge(new_df_drop, health, on=['pid'], how='inner')
merge
```

	pid	w01A006	w01A012	w01A016	w01A017m03	w01edu	w01A001_age	w01gender1
0	22	1	NaN	10	0	4	52	1
1	52	1	NaN	10	0	1	60	5
2	62	1	NaN	10	0	1	62	5
3	82	1	NaN	10	0	2	61	1
4	111	1	NaN	4	0	1	60	1
...	...	...	...	...	...	...	...	...
1981	61311	1	NaN	1	0	4	45	5
1982	61352	1	NaN	7	0	1	62	1
1983	61511	1	NaN	2	0	1	54	1
1984	61531	1	NaN	4	0	3	48	5
1985	61532	1	NaN	2	0	3	53	1

1986 rows × 44 columns

'new_df_drop'를 기준으로 'health' 파일이 합쳐졌습니다. 결과를 보시면 1986개 행과 44개 열이 'merge'로 저장되어 있습니다. 'new_df_drop'은 1986개 행과 38개 열을 가지고 있습니다. 'health'는 10254개 행과 7개의 열을 가진 데이터입니다. 'merge'는 'new_df_drop'의 'pid'를 기준으로 'health'에서 1986개 행을 가져와 합친 것입니다. 즉 컴퓨터는 'health' 데이터에서 'new_df_drop'와 같은 'pid' 고유 번호를 가진 데이터만을 가져온 것입니다. 그리고 열은 44입니다. 앞에서 설명드린 것처럼 실제 개수는 45개이지만 파이썬의 인덱스는 0부터 시작하기 때문에 마지막 인덱스가 44인 것입니다. 이 과정을 이해하시면 ③, ④, ⑤를 이해할 수 있습니다. ③ 'Left Data'는 기준 데이터를 결정하는 것이고, ④ 'Right Data'는 기준 데이터에 합칠 데이터를 결정하는 것입니다. 아주 간단하게 왼쪽에 오른쪽의 데이터를 가져다 붙인다고 생각하시면 됩니다. 2개의 파일을 붙이려면 방법이 필요합니다. 그것이 바로 ⑤ 'How'입니다. 'inner'는 교집합을 의미합니다. 'Left Data'와 'Right Data'의 데이터에서 공통적인 데이터만을 합치게 됩니다. 공통적인 데이터를 합치려면 기준 열이 필요하기 때문에 ⑥에서 기준 열 'pid'로 정했습니다.

이제 두 번째로 'merge'를 기준으로 'health1'을 합치도록 하겠습니다. 방법은 앞과 동일합니다.

Step 2. merge와 health1 파일 합치기

① 비주얼 파이썬 오렌지색 창에서 'Bind' 버튼을 클릭한다

② 'Bind type'에서 'merge'를 선택한다.

③ 'Left Data'에서 'merge'를 선택한다.

④ 'Right Data'에서 'health1'를 선택한다.

⑤ 'How'에서 'Inner'를 선택한다.

⑥ 'On'에서 'pid'를 선택한다.

⑦ 'Allocate to'에 final_df를 기입한다.

⑧ 왼쪽 아래에 있는 'Data view'를 클릭한다.

⑨ 'Run'을 클릭한다.

[그림 2-6] merge와 health1 파일 합치기

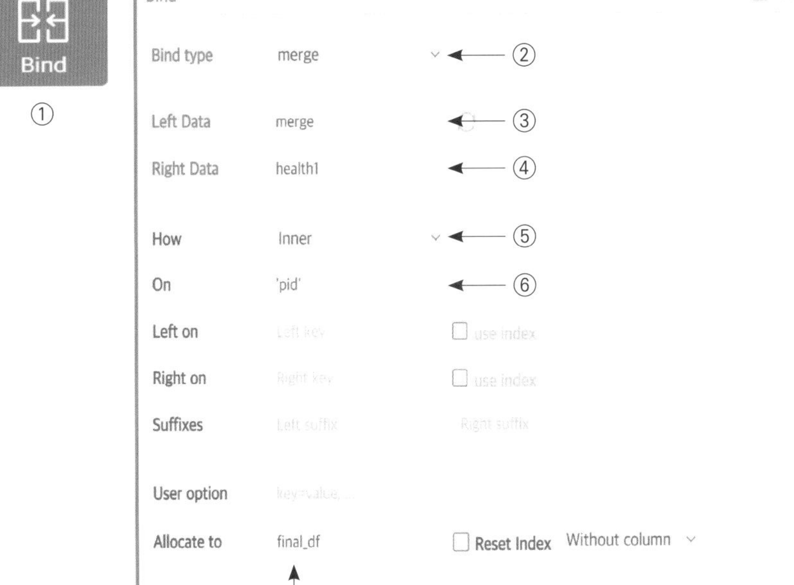

[그림 2-7] merge와 health1 파일 합치기 결과

```
# Visual Python: Data Analysis > Bind
final_df = pd.merge(merge, health1, on=['pid'], how='inner')
final_df
```

	pid	w01A006	w01A012	w01A016	w01A017m03	w01edu	w01A001_age	w01gender1
0	22	1	NaN	10	0	4	52	1
1	52	1	NaN	10	0	1	60	5
2	62	1	NaN	10	0	1	62	5
3	82	1	NaN	10	0	2	61	1
4	111	1	NaN	4	0	1	60	1
...	...	...	...	...	...	...	...	...
1981	61311	1	NaN	1	0	4	45	5
1982	61352	1	NaN	7	0	1	62	1
1983	61511	1	NaN	2	0	1	54	1
1984	61531	1	NaN	4	0	3	46	5
1985	61532	1	NaN	2	0	3	53	1

1986 rows × 46 columns

'final_df'는 1986개 행과 46개 열을 가진 데이터입니다. 이제 불필요한 열을 삭제해 보겠습니다. 데이터를 합치는 과정에서 특정 열의 결측치가 너무 많거나 의미가 없는 열들이 생길 수 있습니다. 이러한 열들은 엉뚱한 결과를 도출하거나 좋은 결과를 생성하는 데 방해가 될 수 있습니다. 열을 삭제하는 모듈은 pandas.drop()입니다. 'pid', 'w01A012', 'w01D196', 'w01D198', 'w01D199' 열을 삭제하겠습니다.

Step 1. 특정 열 삭제하기

① 비주얼 파이썬 오렌지색 창에서 'Frame' 버튼을 클릭한다
② 'DataFrame'에서 'final_df'를 선택한다.
③ 'Allocate'에서 'Inplace' 박스를 체크한다.
④ 데이터 프레임(표)에서 'pid' 열을 클릭하고, 다시 마우스 오른쪽을 클릭한다.
⑤ 'Edit'에서 'Delete'를 클릭한다.
⑥ 동일한 방법으로 'w01A012', 'w01D196', 'w01D198', 'w01D199' 열에서 마우스 오른쪽를 클릭한 후 'Delete'를 클릭한다.

⑦ 왼쪽 아래에 있는 'Code view'를 클릭한다.

⑧ 'Run'을 클릭한다.

[그림 2-8] 특정 열 삭제하기

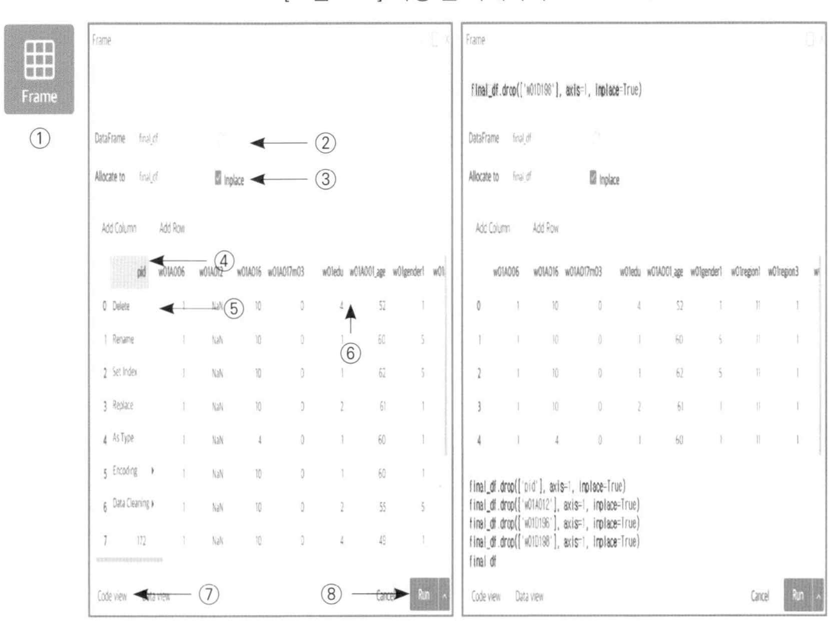

[그림 2-9] 특정 열 삭제하기 결과

```
# Visual Python: Data Analysis > Frame
final_df.drop(['pid'], axis=1, inplace=True)
final_df.drop(['w01A012'], axis=1, inplace=True)
final_df.drop(['w01D196'], axis=1, inplace=True)
final_df.drop(['w01D198'], axis=1, inplace=True)
final_df.drop(['w01D199'], axis=1, inplace=True)
final_df
```

	w01A006	w01A016	w01A017m03	w01edu	w01A001_age	w01gender1	w01region1	w01region3
0	1	10	0	4	52	1	11	1
1	1	10	0	1	60	5	11	1
2	1	10	0	1	62	5	11	1
3	1	10	0	2	61	1	11	1
4	1	4	0	1	60	1	11	1
...	...	...	...	...	...	...	...	...
1981	1	1	0	4	45	5	38	3
1982	1	7	0	1	62	1	38	3
1983	1	2	0	1	54	1	38	3
1984	1	4	0	3	48	5	38	3
1985	1	2	0	3	53	1	38	3

1986 rows × 41 columns

결과를 보시면 46개 열이 41개로 줄어들었습니다. ⑤를 실행하시면 화면에서 'pid' 열이 없어졌지만 실제로는 삭제된 것이 아닙니다. 실행한 명령이 오류 없이 진행되었는지 확인하기 위한 미리 보기 기능입니다. ⑧ 'Run'을 실행해야 실제로 'pid'가 삭제된 데이터가 변수에 저장됩니다. 'w01A012', 'w01D196', 'w01D198' 열을 삭제하면서 'NaN'으로 표시된 값을 확인하실 수 있습니다. 'NaN'은 결측치입니다. 결측치 개수를 확인해 보면 각각 1800(90%), 1946(97%), 1945(97%)개입니다. 해당 열의 90% 이상이 결측치 데이터입니다. 실제로 데이터를 청소하다 보면 이러한 경우를 많이 경험하실 수 있을 것입니다.

그리고 ⑦ 'Code view'를 확인해 보면 'axis = 1'과 'inplace = True'가 있습니다. 이것은 'axis = 1'은 열을 기준으로 삭제하고, 'Inplace = True'는 원본 데이터에 수정된 데이터를 덮어쓰라는 파라미터입니다. 'Inplace = True'는 변경된 데이터를 변수에 저장하는 것입니다. 편리한 기능이지만 조심해야 합니다. 수정한 데이터를 새로운 메모리에 할당하는 것이 아니라 원본 데이터의 변수를 수정해서 메모리에 재저장하는 것입니다. 따라서 실수로 원본 데이터를 잘못 바꿨을 경우 파일로부터 다시 원본 데이터를 불러와야 합니다.

'Frame'에는 데이터를 청소하는 데 필요한 많은 기능들이 내재되어 있습니다. 이번에는 열의 이름을 변경해 보겠습니다. 열의 이름을 바꾸는 모듈은 pandas..rename()입니다. 우리가 이해하기 쉬운 명칭으로 이름을 바꾸어 보려고 합니다.

Step 2. 열 이름 변경하기

① 비주얼 파이썬 오렌지색 창에서 'Frame' 버튼을 클릭한다

② 'DataFrame'에서 'final_df'를 선택한다.

③ 'Allocate'에서 'Inplace' 박스를 체크한다.

④ 데이터 프레임(표)에서 'w01A006' 열을 클릭하고, 다시 마우스 오른쪽을 클릭한다.

⑤ 'Edit'에서 'Rename'를 클릭한다.

⑥ ‘Rename’ 창에서 ‘결혼’을 기입하고 ‘OK’를 클릭한다.

⑦ 왼쪽 아래에 있는 ‘Code view’를 클릭한다.

⑧ ‘Run’을 클릭한다.

[그림 2-10] 열 이름 변경하기

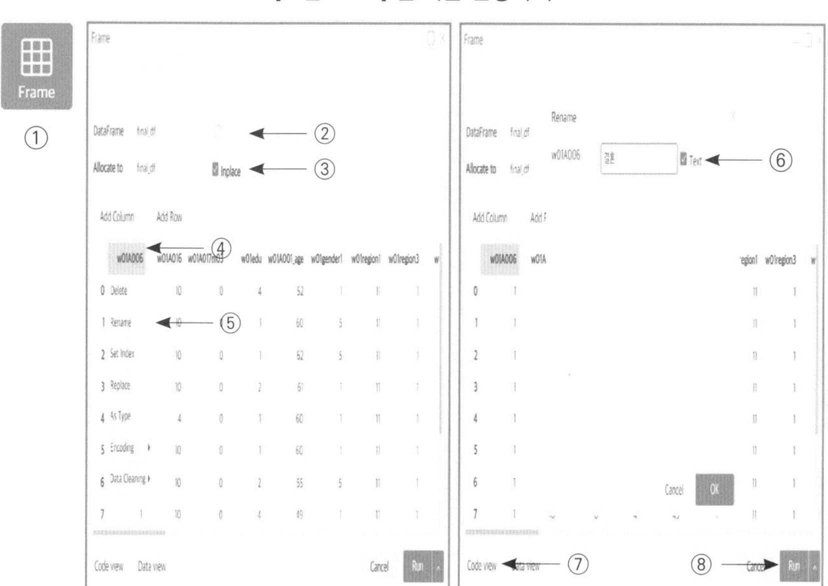

[그림 2-11] 열 이름 변경하기 결과

```
# Visual Python: Data Analysis > Frame
final_df.rename(columns={'w01A006': '결혼'}, inplace=True)
final_df
```

	결혼	w01A016	w01A017m03	w01edu	w01A001_age	w01gender1	w0·
0	1	10	0	4	52	1	
1	1	10	0	1	60	5	
2	1	10	0	1	62	5	
3	1	10	0	2	61	1	
4	1	4	0	1	60	1	
...	...	...	...	...	...	...	
1981	1	1	0	4	45	5	
1982	1	7	0	1	62	1	
1983	1	2	0	1	54	1	
1984	1	4	0	3	48	5	
1985	1	2	0	3	53	1	

[그림 2-12] 파일 불러오기

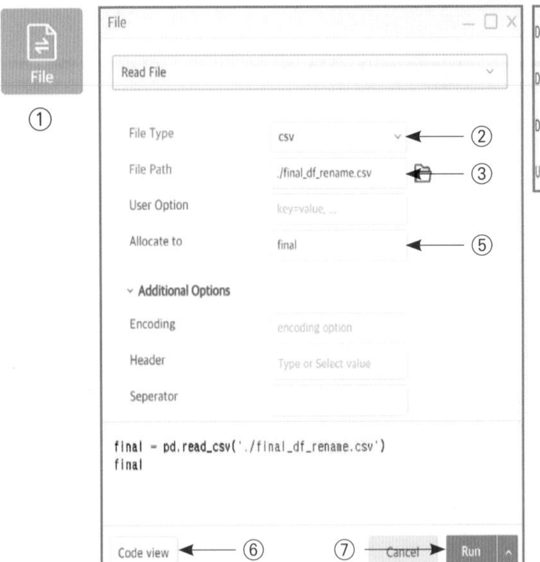

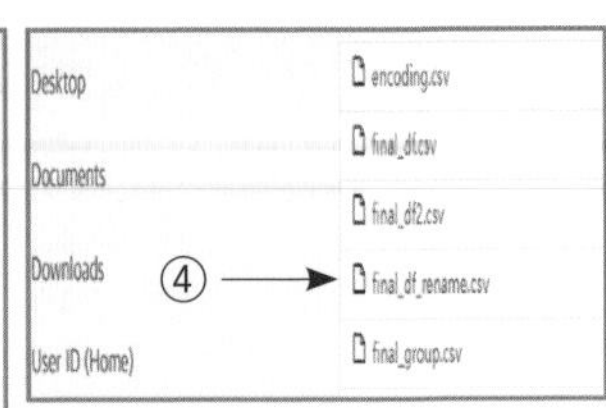

'w01A006'의 열 이름이 '결혼'으로 바뀐 것을 확인할 수 있습니다. 변경해야 하는 이름이 너무 많으므로 정리한 파일을 불러오겠습니다.

Step 1. 파일 불러오기

① 비주얼 파이썬 오렌지색 창에서 'File' 버튼을 클릭한다.

② 새로운 창이 나타나면 'File Type'에서 'csv'를 선택한다.

③ 파일 경로를 지정하기 위해 'File Path'에 있는 폴더 그림을 클릭한다.

④ 저장된 폴더에서 'final_df_rename.csv' 파일을 클릭한다.

⑤ 파일을 저장하기 위해 'Allocate to'에 final을 기입한다.

⑥ 왼쪽 아래 'Code view'를 클릭한다.

⑦ 'Run'을 클릭한다.

모든 열의 이름이 변경된 'final' 파일을 불러왔습니다. 열의 이름이 잘 변경되었는지 확인해 보겠습니다. pandas.info() 데이터의 정보를 한눈에 파악할 수 있는 함수입니다. pandas .info()는 행과 열의 유형과 개수, 결측치 등을 알려 줍니다.

[그림 2-13] 불러온 파일 정보 확인하기

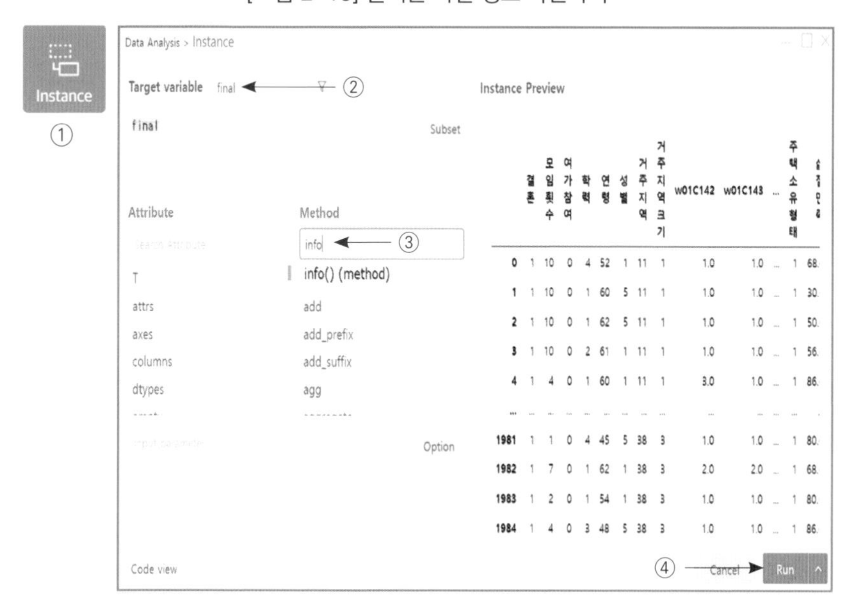

Step 2. 불러온 파일 정보 확인하기

① 비주얼 파이썬 오렌지색 창에서 'Instance' 버튼을 클릭한다.

② 'Target variable'에서 'final'을 클릭한다.

③ 'Method'에서 'Info'를 찾아 클릭한다.

④ 'Run'을 클릭한다.

'final' 파일의 데이터에는 총 1986개 행과 41열이 있습니다. 그리고 0번째 결혼 열의 데이터의 결측치는 0개(1986 non-null)이고, 데이터 타입은 정수(int64)입니다. 그리고 8부터 17번을 제외한 나머지 열의 이름이 모두 변경되어 있습니다.

그리고 아직 8~17열의 이름을 보시면 'w01C142'부터 'w01C151'까지 되어 있습니다. w01C는 우울증을 나타내고 142부터 151까지의 설문 조사 문항들입니다. 10개 문항들의 평균값을 계산하고 '우울증 지수'라는 새로운 열에 담아 보겠습니다.

[그림 2-14] 파일 정보 확인하기 결과

```
# Visual Python: Data Analysis > Instance
final.info()
```

```
<class 'pandas.core.frame.DataFrame'>
RangeIndex: 1986 entries, 0 to 1985
Data columns (total 41 columns):
 #   Column      Non-Null Count  Dtype
---  ------      --------------  -----
 0   결혼          1986 non-null   int64
 1   모임횟수        1986 non-null   int64
 2   여가참여        1986 non-null   int64
 3   학력          1986 non-null   int64
 4   연령          1986 non-null   int64
 5   성별          1986 non-null   int64
 6   거주지역        1986 non-null   int64
 7   거주지역크기      1986 non-null   int64
 8   w01C142     1972 non-null   float64
 9   w01C143     1972 non-null   float64
 10  w01C144     1972 non-null   float64
 11  w01C145     1972 non-null   float64
 12  w01C146     1972 non-null   float64
 13  w01C147     1972 non-null   float64
 14  w01C148     1972 non-null   float64
 15  w01C149     1972 non-null   float64
 16  w01C150     1972 non-null   float64
 17  w01C151     1972 non-null   float64
 18  건강보험가입      1986 non-null   int64
 19  민간보험가입      1986 non-null   int64
 20  노동여부        1986 non-null   int64
 21  일자리형태       1747 non-null   float64
 22  고용형태        1638 non-null   float64
 23  근로시간형태      1638 non-null   float64
 24  계약기간지정      1638 non-null   float64
 25  현직장지속       1638 non-null   float64
 26  노동일         1638 non-null   float64
 27  노동시간        1638 non-null   float64
 28  현일자리지속      1638 non-null   float64
 29  지난해소득여부     1986 non-null   int64
 30  월임금         1986 non-null   float64
 31  주택소유형태      1986 non-null   int64
 32  삶질만족        1986 non-null   float64
 33  흡연          1986 non-null   int64
 34  음주          1986 non-null   int64
 35  비만지수        1976 non-null   float64
 36  일상생활수행      1986 non-null   int64
 37  인지기능        1961 non-null   float64
 38  만성질환갯수      1986 non-null   int64
 39  비만정도        1984 non-null   float64
 40  우울증         1986 non-null   int64
dtypes: float64(23), int64(18)
memory usage: 636.3 KB
```

Step 1. 8~17열 평균값 구하기

① 비주얼 파이썬 오렌지색 창에서 'Instance' 버튼을 클릭한다.

② 'Target variable'에서 'final'를 선택한다.

③ 'Target variable'에서 깔때기 모양을 클릭한다.

④ 새로운 창이 나타나면 'Search columns'에서 'w01C142', 'w01C143', 'w01C144', 'w01C145', 'w01C146', 'w01C147', 'w01C148', 'w01C149', 'w01C150', 'w01C151'을 클릭하고 화살표를 눌러서 오른쪽 박스로 옮긴다

⑤ 'OK' 버튼을 누른다.

⑥ 'Method'에서 'mean()'을 찾아 클릭한다.

⑦ 'Input parameter'에 axis = 1을 기입한다.

⑧ 'Allocate to'에 final['우울증지수']를 기입한다.

⑨ 왼쪽 아래에 있는 'Code view'를 클릭한다.

⑩ 'Run'을 클릭한다.

[그림 2-15] 8~17열 평균값 구하기

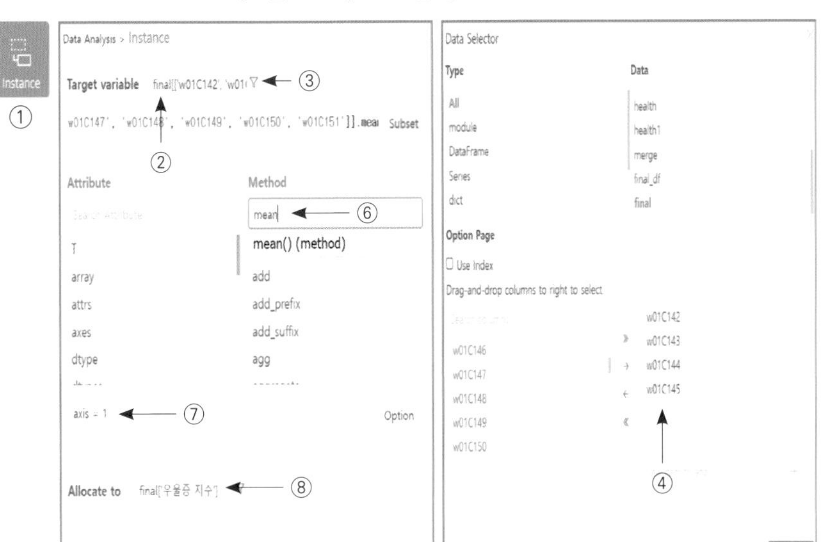

코드를 보시면 매우 간단해서 느껴지실 것입니다. 우리는 복잡하게 10단계나 거쳐야 평균을 구해서 새로운 열에 담을 수 있습니다. 하지만 10개 과정에 대한 개념을 이해하고 있어야 이 한 줄의 코드를 만들 수 있습니다. 이 과정이 익숙해지시면 더 이상 복잡하게 10개 과정을 하실 필요가 없을 것입니다.

[그림 2-16] 8~17열 평균값 구하기 코드

```
# Visual Python: Data Analysis > Instance
final['우울증지수'] = final[['w01C142','w01C143','w01C144','w01C145','w01C146','w01C147',
                        'w01C148','w01C149','w01C150','w01C151']].mean(axis = 1)
```

④에서 원하는 열을 추출할 수 있습니다. ⑥에서 'mean()'은 추출한 데이터의 평균을 구하기 위한 함수입니다. ⑦ 'axis = 1'의 개념이 조금 어려울 수 있습니다. 이것은 열을 기준으로 평균값을 계산하라는 의미입니다. 마지막으로 ⑧의 'final['우울증 지수']'는 계산한 평균값을 새로운 열, 즉 '우울증 지수'에 넣어 달라고 하는 것입니다.

이제 8~17열은 더 이상 필요가 없게 되었습니다. 앞에서 배우신 pandas.drop()를 활용하여 해당 열을 모두를 삭제하고 'final_df'에 저장하겠습니다.

Step 2. 8~17열 삭제하기

① 비주얼 파이썬 오렌지색 창에서 'Frame' 버튼을 클릭한다

② 'DataFrame'에서 'final'를 선택한다.

③ 데이터 프레임(표)에서 'w01C142' 열을 클릭하고, 다시 마우스 오른쪽을 클릭한다.

④ 'Edit'에서 'Delete'를 클릭한다.

⑤ 동일한 방법으로 'w01C143', 'w01C144', 'w01C145', 'w01C146', 'w01C147', 'w01C148', 'w01C149', 'w01C150', 'w01C151' 열에서 마우스 오른쪽을 클릭한 후 'Delete'를 클릭한다.

⑥ 'Allocate'에서 final_df를 기입한다.

⑦ 왼쪽 아래에 있는 'Code view'를 클릭한다.

⑧ 'Run'을 클릭한다.

[그림 2-17] 8~17열 삭제하기

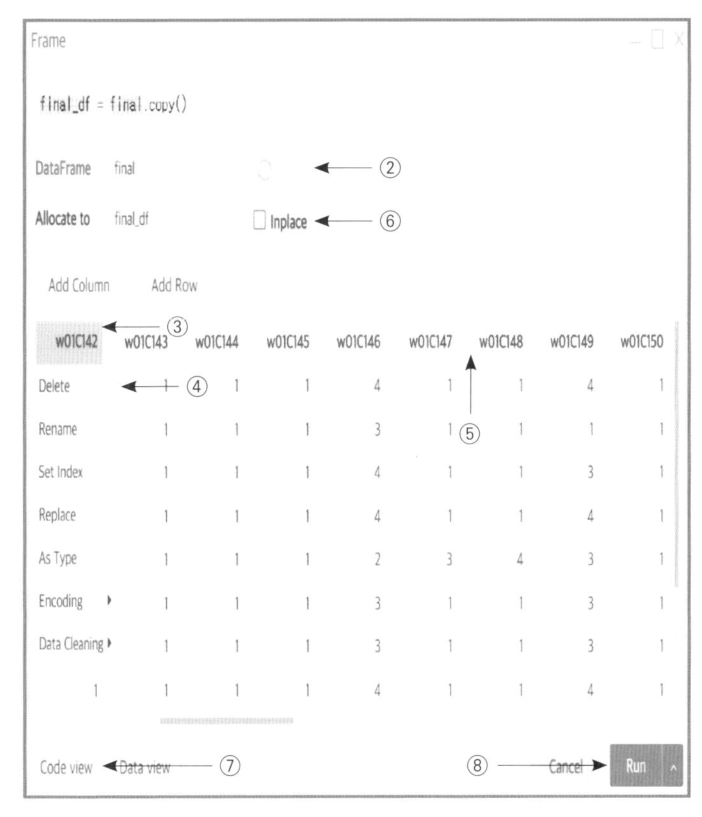

지금까지 정리한 파일은 'final_df.csv'에 저장되어 있습니다. 만약 여기서부터 새롭게 시작을 하신다면 'final_df.csv'를 불러와 주시기 바랍니다. 우리는 이 파일을 불러와서 'final_df'로 저장하겠습니다.

Step 1. final_df.csv 파일 불러오기

① 비주얼 파이썬 오렌지색 창에서 'File' 버튼을 클릭한다.

② 새로운 창이 나타나면 'File Type'에서 'csv'를 선택한다.

③ 파일 경로를 지정하기 위해 'File Path'에 있는 폴더 그림을 클릭한다.

④ 저장된 폴더에서 'final_df.csv' 파일을 클릭한다.

⑤ 불러온 파일을 저장하기 위해 'Allocate to'에 final_df를 기입한다.

⑥ 왼쪽 아래 'Code view'를 클릭한다.

⑦ 'Run'을 클릭한다.

[그림 2-18] final_df.csv 파일 불러오기

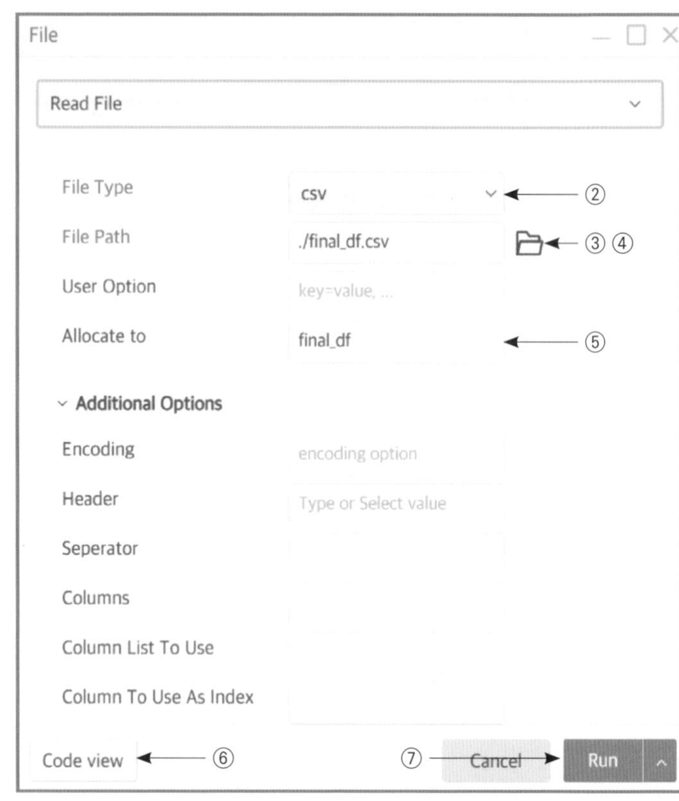

다음은 각 열에 있는 데이터의 숫자를 바꾸어 보도록 하겠습니다. 데이터를 잘 살펴보시면 이상한 점을 발견할 수 있습니다. 각 열에 -8이나 -9와 같은 음수가 있습니다. 예를 들면 '학력' 열에 1, 2, 3, 4, -8이 있습니다. 여기서 1은 초등, 2는 중졸, 3은 고졸, 4는 대학교 이상, 그리고 -8은 기타입니다. -8을 다른 숫자로 변경해야 데이터를 간결하게 정리하고 오류를 방지할 수 있습니다. 각 열의 데이터

값을 변경하려면 해당 열에 어떤 값들이 있는지 확인해 보아야 합니다. pandas.value_counts()는 특정 열의 구성 요소가 몇 개 있는지 세어 주는 함수입니다.

[그림 2-19] 특정 열 구성 요소 값 세기

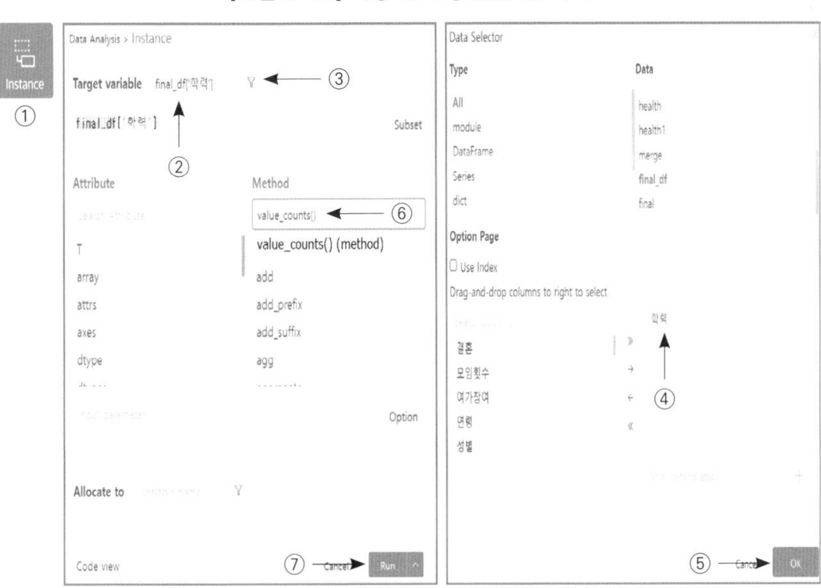

Step 1. 특정 열 구성 요소 값 세기

① 비주얼 파이썬 오렌지색 창에서 'Instance' 버튼을 클릭한다.

② 'Target variable'에서 'final_df'를 선택한다.

③ 'Target variable'에서 깔때기 모양을 클릭한다.

④ 새로운 창이 나타나면 'Search columns'에서 '학력'을 클릭하고 화살표를 눌러서 오른쪽 박스로 옮긴다.

⑤ 'OK' 버튼을 누른다.

⑥ 'Method'에서 'value_counts'를 찾아 클릭한다.

⑦ 'Run'을 클릭한다.

[그림 2-20] pandas.value_counts() 결과

```
# Visual Python: Data Analysis > Instance
final_df['학력'].value_counts()

 3    721
 1    515
 4    379
 2    369
-8      2
Name: 학력, dtype: int64
```

결과를 보시면 학력에는 1, 2, 3, 4, -8의 구성 요소가 있고 각각 721, 515, 379, 369, 2개가 있는 것을 알 수 있습니다. 참고로 'value_counts'는 결측치 'NaN'을 제외한 결과를 보여 줍니다. 결측치의 개수를 알고 싶다면 'input parameter'에 'dropna = False'를 넣어주면 됩니다. 다른 열을 가지고 결측치의 개수를 확인해 보겠습니다.

Step 2. 특정 열 구성 요소 값 세기(결측치 포함)

① 비주얼 파이썬 오렌지색 창에서 'Instance' 버튼을 클릭한다.

② 'Target variable'에서 'final_df'를 선택한다.

③ 'Target variable'에서 깔때기 모양을 클릭한다.

④ 새로운 창이 나타나면 'Search columns'에서 '고용형태'를 클릭하고 화살표를 눌러서 오른쪽 박스로 옮긴다.

⑤ 'OK' 버튼을 누른다.

⑥ 'Method'에서 'value_counts'를 찾아 클릭한다.

⑦ 'input parameter'에 dropna = False를 기입한다.

⑧ 'Run'을 클릭한다.

[그림 2-21] 특정 열 구성 요소 값 세기(결측치 포함)

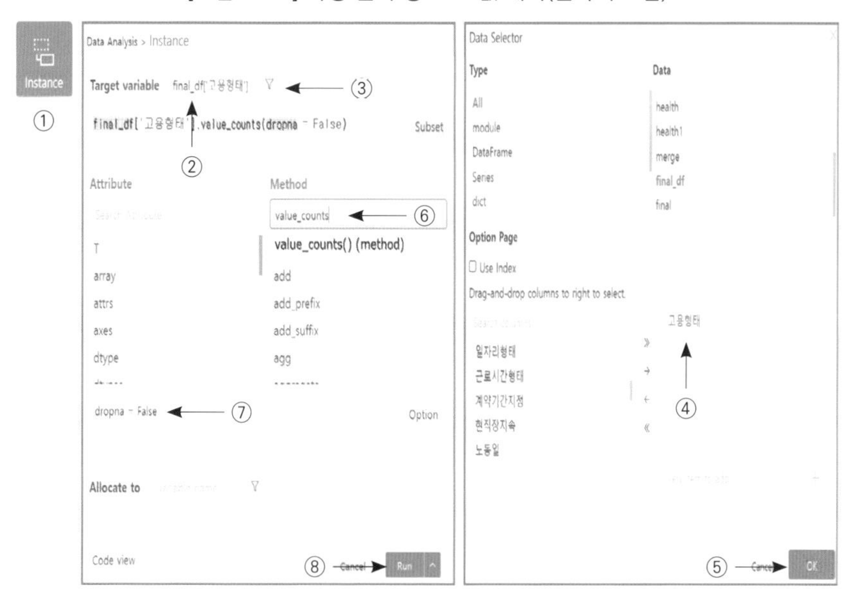

셀 창에 다른 요소들의 개수와 결측치 개수도 함께 보여 줍니다. 일자리 형태는 결측치 'NaN'이 348개 있는 것을 알 수 있습니다.

[그림 2-22] 특정 열 구성 요소 값 세기(결측치 포함) 결과

```
# Visual Python: Data Analysis > Instance
final_df['고용형태'].value_counts(dropna = False)

 1.0    1166
 NaN     348
 5.0     296
 3.0     175
-8.0       1
Name: 고용형태, dtype: int64
```

여기서 비주얼 파이썬의 유용한 점을 확인해 볼 수 있습니다. 클릭할 때마다 'Variable'에서 코드가 생성되는 것을 알 수 있습니다. 그리고 각 창마다 왼쪽 아래에 'Code view'를 통해 클릭한 코드가 어떻게 생성되었는지 확인할 수 있습니다. 사실 비주얼 파이썬은 'Low code'를 지향하는 프로그램입니다. 지금은 코드를 생성하는 게 어렵게 느껴질 수 있겠지만, 생성된 코드를 보면서 자연스럽게 코딩과 친숙해질 수 있습니다. 우리가 모든 코드를 기억해 생성할 수는 없지만 비주얼 파이썬의 도움을 받으면 코드를 쉽게 생성할 수 있고 점차 익숙해지면 코드를 스스로 만들 수도 있게 될 것입니다. 예를 들면 '고용형태' 열의 결측치를 확인하기 위해 비주얼 파이썬을 활용했지만, 조금 익숙해지면 앞선 '학력' 열에서 생성된 코드를 복사해서 조금 바꾸어 주면 됩니다.

① 'final_df['학력'].value_counts()'를 비주얼 파이썬으로 생성한 후에 코드를 복사한다.
② 복사한 코드를 새로운 셀에 붙여 넣고 '학력'을 '고용형태'로 바꿔서 'final_df['고용형태'].value_counts()'로 수정한다.
③ value_counts() 안에 'dropna = False'를 기입하여 'final_df['고용형태'].value_counts(dropna = False)'로 만든다.
④ 상단의 실행 버튼 '▶Run' 아이콘을 클릭한다.

실제로 비주얼 파이썬을 활용하는 것보다 더 간단하게 '고용형태'의 결측값을 확인할 수 있습니다. 하지만 비주얼 파이썬은 우리가 필요한 코드를 생성하여 이를 응용할 수 있습니다. 앞에서 보신 것처럼 가장 중요한 것은 내게 필요한 코드가 무엇인지 아는 것입니다. 분석에 필요한 코드를 알고 있으면, 코딩은 비주얼 파이썬이 해 줄 수 있습니다. 그럼 다른 열들의 개수를 비주얼 파이썬 없이 실행해 보시기 바랍니다.

'학력' 열에 있는 '-8'을 다른 숫자로 바꾸어 보겠습니다. 다른 숫자로 바꾸어 주는 함수는 pandas.replace()입니다. 특정 열에 있는 문자, 숫자 등을 원하는 문자와 숫자 등으로 바꿀 수 있습니다. '-8'을 '1'로 변경해 보겠습니다. '학력' 열에서 1은 초등, 2는 중학교, 3은 고등학교, 4는 대학교 이상, -8은 기타입니다. '-8' 기타를 '1' 초등으로 변경하는 이유는 '-8'을 대답한 노인들이 초등학교 미만일 가능성이 높기 때문입니다.

[그림 2-23] '학력' 열 '-8'을 '1'로 변경하기

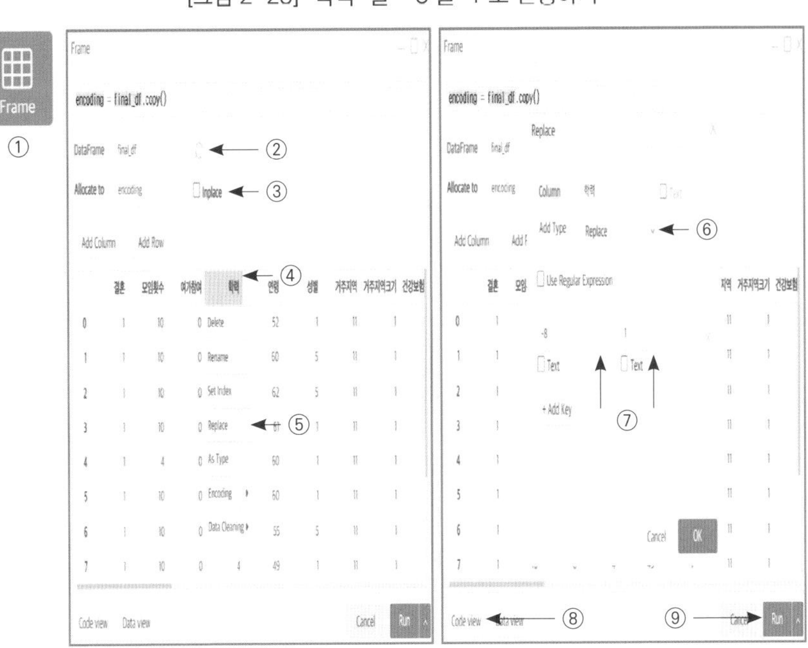

Step 1. **'학력' 열 '-8'을 '1'로 변경하기**

① 비주얼 파이썬 오렌지색 창에서 'Frame' 버튼을 클릭한다.

② 'DataFrame'에서 'final_df'를 선택한다.

③ 'Allocate'에 encoding을 기입한다.

④ 데이터 프레임(표)에서 '학력' 열을 클릭하고, 다시 마우스 오른쪽을 클릭한다.

⑤ 'Edit'에서 'Replace'를 클릭한다.

⑥ 'Add Type'에서 'Replace'을 선택한다.

⑦ 'Origin'에 숫자 -8, 'Replace'에는 1을 기입하고 각각의 'Text'를 클릭해서 해제한다.

⑧ 'OK'를 누르고 왼쪽 아래에서 'Code view'를 확인한다.

⑨ 'Run'을 클릭한다.

데이터가 오류 없이 잘 변경되었는지 확인해 보도록 하겠습니다. 데이터를 청소하는 과정에서 수정된 내용이 잘 변경되었는지 확인하는 과정은 매우 중요합니다. 많은 과정을 거치기 때문에 어디서 오류가 발생했는지 다시 확인하는 과정에 시간이 더 많이 걸리기 때문입니다. 이제 코드를 직접 만들어 보시기 바랍니다. 앞에서 생성된 코드를 복사하여 필요한 부분만 변경해서 실행하면 확인할 수 있습니다. 여기서 한 가지 기억해야 할 부분이 있습니다. 우리가 수정한 데이터들은 'final_df'에 있지 않고 'encoding'에 있습니다. 만약 'final_df['학력'].value_counts()'를 실행했다면, 컴퓨터는 우리가 수정한 데이터들을 보여 주지 않습니다. 'encoding['학력'].value_counts()'를 실행해야 수정된 데이터들을 보여 줍니다. 이는 ③ 'Allocate'에서 'Inplace' 박스를 체크하지 않고 'encoding'을 기입했기 때문입니다. 이것은 변경된 데이터들을 'final_df'에 저장하지 않고 'encoding'에 저장하는 것을 의미합니다. 따라서 'final_df'을 실행하면 컴퓨터는 수정 전 원본 데이터를 보여 주는 것입니다. 하지만 이전의 '특정 열 삭제하기'에서는 'Allocate'에 'Inplace' 박스를 클릭했습니다. 그래서 'final_df'가 수정된 데이터를 보여 줄 수 있었습니다.

그렇다면 왜 여기서는 'Inplace'를 적용하지 않았는지 의아할 수 있습니다. 원본 데이터에 오류를 최대한 적게 반영하고 수정하는 과정을 최소화하기 때문입니다. 데이터를 청소하는 과정에서 우리가 알지 못하는 사이에 다양한 실수를 하게 됩니다. 이러한 실수를 원본 데이터에 저장하게 되면 실수를 수정하기 위해서 우리는 처음부터 모든 과정을 다시 시작해야 하거나 원본 데이터를 사용할 수 없는 경우가 발생할 수 있습니다. ⑧ 'Code view'에서 보시면 'encoding = final_df.copy()'가 나타납니다. 'final_df'의 복사복을 만들었습니다. 그리고 변경된 데이터들이 복사본 'encoding'에 저장되었습니다. 우리가 실수를 했어도 'final_df'에는 반영되어 있지 않기 때문에 수정하는 과정에서 오류를 최소화할 수 있습니다. 개인적으로는 'encoding = final_df.copy()'와 같이 복사본을 만들고, 이 'encoding' 복사본에서 'Inplace'를 사용하는 것을 추천드립니다. 동일한 방법으로 다른 열을 실행하면 됩니다. 우리가 정리해야 할 열은 성별, 건강 보험 가입, 흡연, 민간 보험 가입, 고용 형태, 근로 시간 형태, 계약 기간 지정, 현 직장 지속, 노동일, 노동 시간, 현 일자리 지속, 월 임금, 여가 참여, 그리고 주택 소유 형태입니다.

[그림 2-24] pandas.replace() 변환하기

```
# Visual Python: Data Analysis > Frame
encoding['학력'].replace([-8],1, inplace = True) # 1 초등, 2 중, 3 고등, 4 대학교 이상
encoding['성별'].replace([5],2, inplace = True) # 1 남자, 2 여자
encoding['건강보험가입'].replace([5, -8 ],[2,3], inplace = True) # 1 국민, 2 의료급여,3 없음
encoding['흡연'].replace([0, 1, 2 ],[1,2, 3], inplace = True) # 1 비흡연, 2 과거 흡연, 3 현재 흡연
encoding['민간보험가입'].replace([5, -8, -9 ],[2,3,3], inplace = True) # 1 국민, 2 의료급여,3 없음
encoding['고용형태'].replace([ 3, 5, -8 ],[2,3,4], inplace = True) # 1 상용직, 2 임시직 3 일용직 4 기타
encoding['근로시간형태'].replace([5, -8],[2,3], inplace = True) # 1 시간제, 2 전일제, 3 기타
encoding['계약기간지정'].replace([5, -8],[2,3], inplace = True) # 1 정해져있음, 2 정해져있지 않음, 3 기타
encoding['현직장지속'].replace([5, -9],[2,3], inplace = True) # 1 예, 2 아니오, 3 기타
encoding['노동일'].replace([-8, -9],[0.5,0.5], inplace = True) # 0.5 1일 미만
encoding['노동시간'].replace([-8, -9],[1,1], inplace = True) # 1 1시간
encoding['현일자리지속'].replace([-9],[7], inplace = True) # 1 계속, 2 더많이, 3 추가 다른일, 4 더 적게, 5 다른일, 6 그만둠, 7 기타
encoding['월임금'].replace([-8, -9],[10,10], inplace = True) # 10만원 미만
encoding['여가참여'].replace([0],[2], inplace = True) # 1 예 2 아니오
encoding['주택소유형태'].replace([-8], [6], inplace = True) # 1 자가, 2 전세, 3 보증금월세 4 무보증금월세 5 기타 6 무거주
```

편의상 미리 제가 모두 정리해 놓았습니다. 제가 정리한 파일을 불러서 다음 실습을 진행하시면 됩니다. 앞에서 실습한 내용을 참고하시어 'encoding.csv'를 불러오시기 바랍니다. 참고로 불러오기 코드는 'encoding = pd.read_csv('./encoding.csv')'입니다.

그럼 우리가 변경한 데이터가 잘 수정되어 반영되었는지 확인해 보겠습니다. 'encoding['000'].value_counts()'를 15번 실행하면 확인이 가능합니다. 하지만

15번을 일일이 실행하려면 시간도 많이 걸리고 귀찮기도 합니다. 한 번에 확인할 수 있다면 얼마나 좋을까요? 'For'문을 이용하면 쉽게 이용할 수 있습니다. 'For'는 반복 문으로 컴퓨터가 일정한 조건을 반복해서 수행하는 것입니다.

비주얼 파이썬은 파이썬에서 제공하는 모든 로직을 구현할 수 있습니다. 비록 'For'문은 앱의 형태로 구현되어 있지 않지만, 블록 형태의 코드로 간단하게 구현할 수 있도록 구성되어 있습니다. 일반적으로 'For'문은 루프(Loop) 형태입니다. 루프(Loop)를 구글에서 이미지로 찾아보면 '무한 고리' 이미지로 나타납니다. 루프는 끝없는 고리를 의미합니다.

'For'문은 조건을 설정하고 그 조건을 만족할 때까지 반복적으로 코드를 수행하는 것입니다. 'For'문은 매우 논리적인 구조를 가지고 있어서 코딩의 꽃이라고 합니다. 그럼 같이 논리적인 구조를 생각해 볼까요?

우선 'For'문을 생성하기 전에 어떤 형태의 결과물을 원하는지 구체화해야 합니다. 그런 다음 원하는 결과물을 도출하기 위해서 어떤 조건이 필요한지 명확히 하면 됩니다. 우리가 원하는 형태의 결과물은 '각 열에서 구성된 요소들의 값'입니다. 그렇다면 우선 조건은 컴퓨터가 데이터에서 열을 하나씩 뽑아서 그 열에 어떤 요소의 값들이 있는지 확인하는 것입니다. 앞에서 설명한 내용을 논리 구조로 만들어 보겠습니다.

① 컴퓨터가 'encoding'에서 첫 번째 열을 가져온다.

② 첫 번째 열에 구성된 요소를 확인한다.

③ 첫 번째 열에 구성된 요소를 보여 준다.

④ 컴퓨터가 'encoding'에서 두 번째 열을 가져와서 구성된 요소를 확인 후에 보여 준다.

⑤ 그 다음 열을 실행해서 보여 준다.

여기서 필요한 조건은 컴퓨터가 'encoding'에서 열을 차례대로 가져와서 그 열에 있는 구성 요소만을 확인 후에 그 결과를 보여 주는 것입니다. 우리가 배운 panda.value_counts() 함수를 활용할 수 있지만, 우리가 알고 싶은 것은 열에 있는 구성 요소이지 그 구성 요소 개수까지는 필요하지 않습니다. 대신에 pandas.unique()를 활용해 보도록 하겠습니다.

pandas.unique()는 열에 있는 유니크한 값을 알려 줍니다. 즉 해당 열에 있는 유일한 구성 요소 값을 확인해 주는 모듈입니다. 그리고 열을 가져오는 구문에 필요한 기능은 pandas.columns입니다, 마지막으로 실행한 결과를 보여 주는 함수는 print()입니다. 'For'문을 만들 수 있는 모든 재료가 준비되어 있습니다. 그럼 비주얼 파이썬으로 'For'문을 만들어 보겠습니다.

Step 1. 'For'문으로 데이터 확인하기

① 검색창 오른쪽에서 '메모장' 그림을 클릭한다.

② 'Logic'을 클릭한다.

③ 'Control'에서 'for'문을 클릭한다.

④ 새로운 창의 'In'에서 'Typing'을 선택한다.

⑤ 'User Input'에 encoding.columns를 기입한다.

⑥ 'Eumerate' 박스를 해제한다.

⑦ 'OK'를 누른다.

⑧ 오른쪽 창에 'pass'를 두 번 클릭한다.

⑨ 새로운 창에 print(item, encoding[item].unique())를 기입한다.

⑩ 'OK'를 누른다

⑪ 'for item in(encoding.columns):' 위에 마우스를 올려놓고 오른쪽 버튼을 누른 후 'Run'을 클릭한다.

[그림 2-25] 'For'문으로 데이터 확인하기 ①~⑧

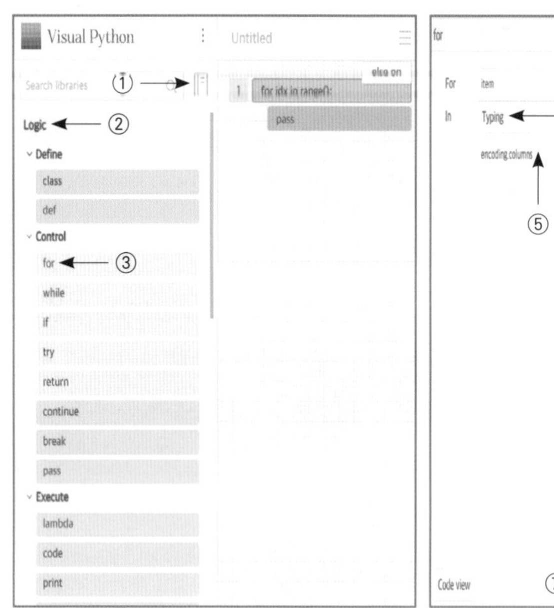

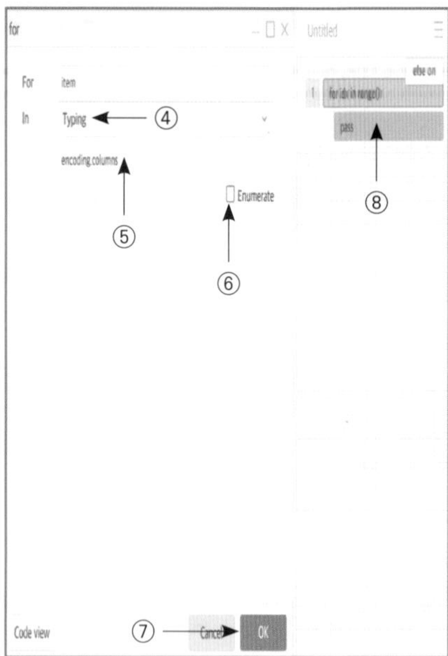

[그림 2-26] 'For'문으로 데이터 확인하기 ⑨~⑪

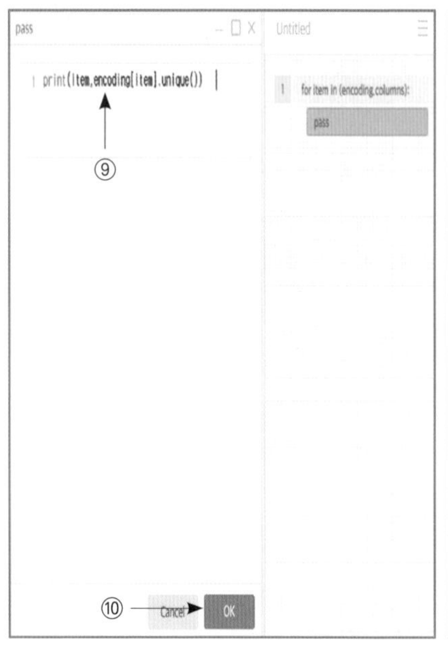

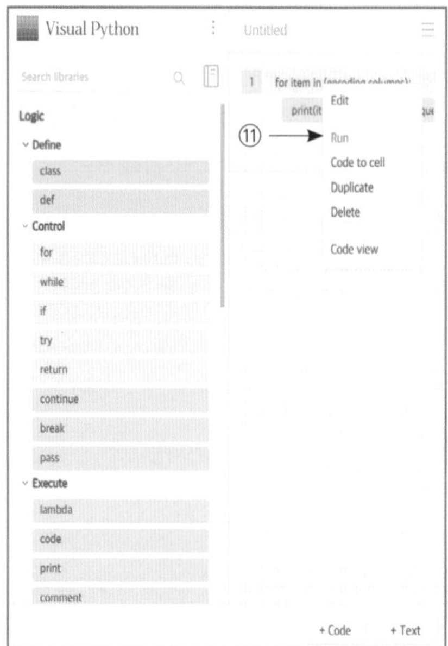

결과를 보면 각 열에 어떤 요소들이 있는지 한눈에 확인할 수 있습니다. 각 열에 -8, -9 등이 잘 변경되어 있는 것 같습니다. 마우스로 결과를 확인하다 보면 결측치 'NaN'들이 있는 것을 알 수 있습니다. 마지막으로 결측치를 청소해 보도록 하겠습니다.

[그림 2-27] 'For'문 결과

```
# Visual Python: Logic > for
for item in (encoding.columns):
    print(item,encoding[item].unique())
```

```
결혼 [1 4 3 5 2]
모임횟수 [10  4  3  2  1  5  9  7  6  8]
여가참여 [2 1]
학력 [4 1 2 3]
연령 [52 60 62 61 55 49 45 71 67 58 48 64 65 54 57 46 47 59 63 50 69 51 68 53
 66 73 56 72 74 70 76 77 81 75 78 86 80 82 79]
성별 [1 2]
거주지역 [11 21 22 23 24 25 26 31 32 33 34 35 36 37 38]
거주지역크기 [1 3 2]
건강보험가입 [1 2 3]
민간보험가입 [1 2 3]
노동여부 [1 5]
일자리형태 [ 1.  2. nan  3.]
고용형태 [ 1. nan  3.  2.  4.]
근로시간형태 [ 2. nan  1.  3.]
계약기간지정 [ 2. nan  1.  3.]
현직장지속 [ 2. nan  1.  3.]
노동일 [5.  6.  nan 7.  3.  0.5 4.  2.  1. ]
노동시간 [40. 60. 54. nan  1. 84. 72. 48. 20.  6. 10. 35. 42. 45. 44. 25. 12. 30.
```

'encoding'을 복사해서 사용하도록 하겠습니다. 파일을 복사하는 방법은 'final_df2 = encoding.copy()'에 입력하시고, 상단의 실행 버튼 '▶Run' 아이콘을 클릭하면 됩니다.

final_df2.info()를 실행하면 각 열의 값이 서로 다른 것을 발견할 수 있습니다. 예를 들면 '노동여부' 열은 1986이지만 '일자리형태' 열은 1747입니다. '일자리형태' 열에서 239개가 결측치, 즉 데이터가 없는 것을 알 수 있습니다.

[그림 2-28] final_df2.info() 실행 결과

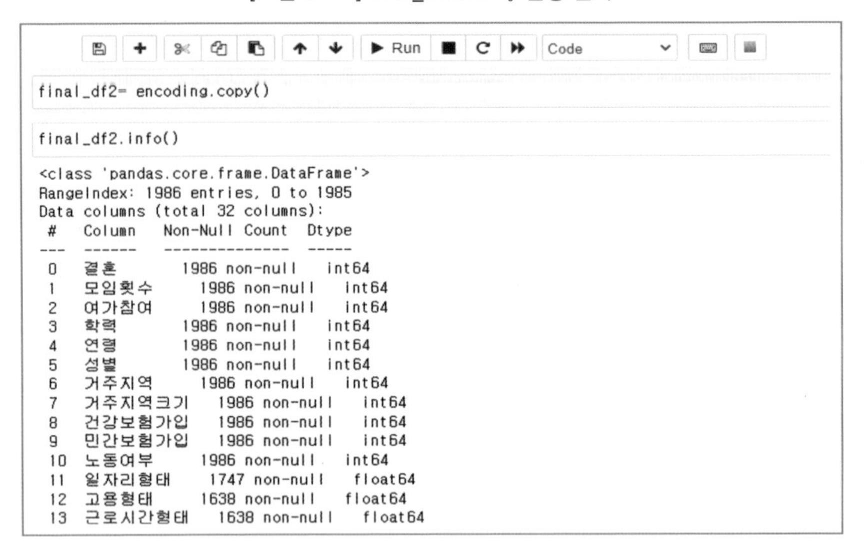

```
final_df2= encoding.copy()

final_df2.info()

<class 'pandas.core.frame.DataFrame'>
RangeIndex: 1986 entries, 0 to 1985
Data columns (total 32 columns):
 #   Column    Non-Null Count  Dtype
---  ------    --------------  -----
 0   결혼        1986 non-null   int64
 1   모임횟수      1986 non-null   int64
 2   여가참여      1986 non-null   int64
 3   학력        1986 non-null   int64
 4   연령        1986 non-null   int64
 5   성별        1986 non-null   int64
 6   거주지역      1986 non-null   int64
 7   거주지역크기    1986 non-null   int64
 8   건강보험가입    1986 non-null   int64
 9   민간보험가입    1986 non-null   int64
 10  노동여부      1986 non-null   int64
 11  일자리형태     1747 non-null   float64
 12  고용형태      1638 non-null   float64
 13  근로시간형태    1638 non-null   float64
```

그럼 결측치가 있는 데이터의 행을 삭제하도록 하겠습니다. 물론 결측치가 있는 데이터를 모두 삭제하는 것은 다소 위험할 수 있습니다. 결측치를 모두 삭제하면 결국 우리가 사용할 수 있는 데이터가 거의 남지 않게 될 수 있습니다. 데이터가 부족하면 알고리즘을 학습시키고 평가할 수 있는 데이터의 양이 부족하여 좋은 모델을 생성하기 어려울 수 있습니다. 결측치를 제거하는 일은 데이터의 양과 질에 따라 조심스럽게 진행해야 합니다. 다행히도 실습 데이터에서는 결측치가 약 10% 정도이므로 결측치를 모두 삭제하도록 하겠습니다. 결측치를 제거하는 함수는 pandas.dropna()입니다.

Step 1. 결측치 제거하기

① 비주얼 파이썬 오렌지색 창에서 'Instance' 버튼을 클릭한다.

② 'Target variable'에서 'final_df2'를 선택한다.

③ 'Method'에서 'dropna'를 찾아 클릭한다.

④ 'Allocate to'에 final_df2를 기입한다.

⑤ 'Run'을 클릭한다.

[그림 2-29] 결측치 제거하기

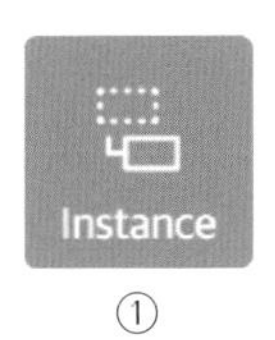

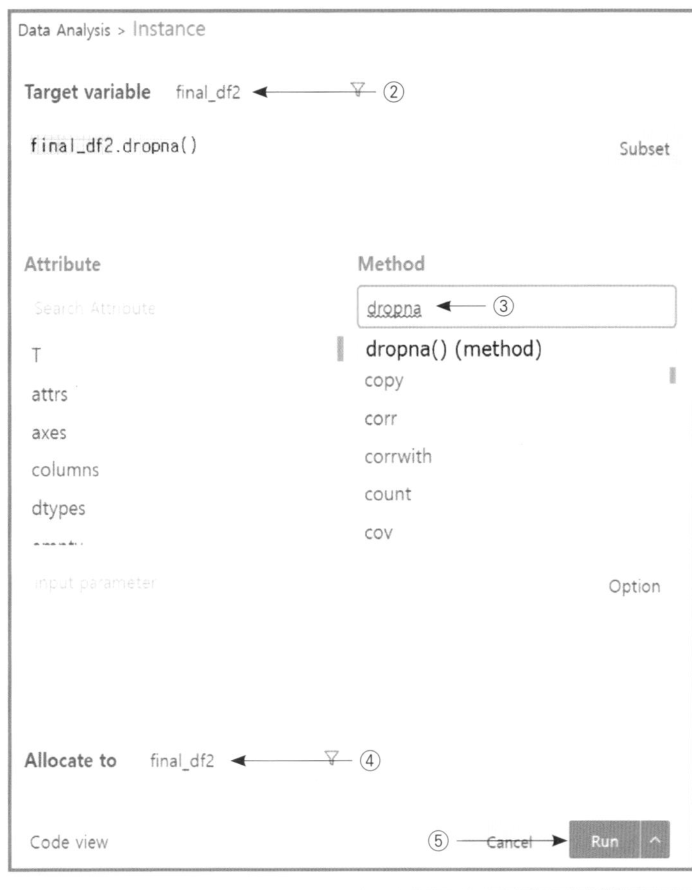


```
final_df2.info()

<class 'pandas.core.frame.DataFrame'>
Int64Index: 1600 entries, 0 to 1985
Data columns (total 32 columns):
 #   Column   Non-Null Count  Dtype
---  ------   --------------  -----
 0   결혼       1600 non-null   int64
 1   모임횟수     1600 non-null   int64
 2   여가참여     1600 non-null   int64
 3   학력       1600 non-null   int64
```

결측치가 잘 삭제되었는지 확인하기 위해 'final_df2.info()'를 다시 실행해 주세요. 32개의 모든 열이 같은 1600개 데이터를 가지고 있습니다. 지금까지 정리한 파일을 저장해 보도록 하겠습니다. 파일 저장하기는 파일 불러오기와 거의 동일합니다.

[그림 2-30] 파일 저장하기

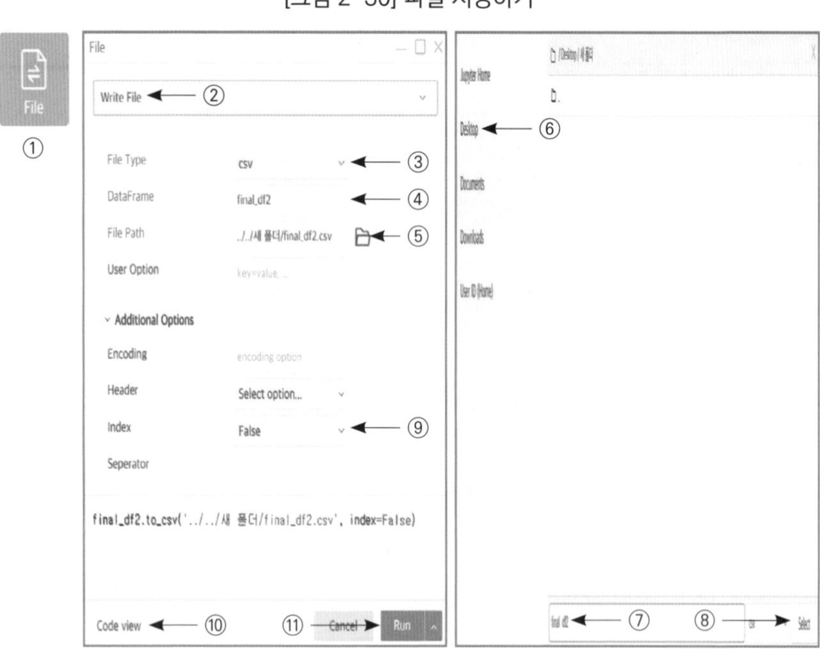

Step 2. 파일 저장하기

① 비주얼 파이썬 오렌지색 창에서 'File' 버튼을 클릭한다.

② 가장 상단에서 'Write File'를 선택한다.

③ 'File Type'에서 'csv'를 선택한다.

④ 'DataFrame'에서 'final_df2'를 선택한다.

⑤ 저장하기 위한 파일 경로를 지정하기 위해 'File Path'에 있는 폴더 그림을 클릭한다.

⑥ 왼쪽에 'Desktop'을 클릭하고 '새 폴더'를 클릭한다(만약 '새 폴더'가 없으면 바탕화면에서 '새 폴더'를 만드세요).
⑦ 정리한 파일을 '새 폴더'에 저장하기 위해 final_df2를 기입한다.
⑧ 'Select'를 클릭한다.
⑨ 'Additional Options'의 'Index'에서 'False'를 선택한다.
⑩ 왼쪽 아래의 'Code view'를 클릭한다.
⑪ 'Run'을 클릭한다.

⑨ 'Index'의 'False'는 새로운 인덱스 열을 만들지 말라는 의미입니다. 이것을 지정하지 않으면 파일을 불러왔을 때 인덱스 열이 중복으로 생성되어 삭제해야 하는 경우가 발생합니다.

우리가 실습하는 데이터에는 결측치가 많이 없어서 전체 열의 결측치를 한꺼번에 제거하였습니다. 하지만 결측치를 처리하는 방법은 여러 가지가 있습니다. 앞에서 설명드린 것과 같이 결측치를 모두 제거하면 의미 있고 중요한 데이터를 잃어버릴 가능성이 있습니다. 결측치를 제거할 때 조건(thresh)을 주거나 대체(subset)할 수도 있습니다. 또한 pandas.fillna() 함수를 활용하여 결측치를 중앙값, 평균, 앞과 뒤의 값 등으로 채울 수도 있습니다. 가장 좋은 방법은 전체 데이터를 살펴보고 다양한 방법을 적용해서 가장 적절한 방법을 선택하는 것입니다.

이제 분석에 필요한 데이터를 정리하고 청소를 마쳤습니다. 데이터를 정리하고 청소하는 과정은 한 번에 끝나지 않습니다. 실제로 알고리즘을 적용해서 결과를 확인한 후에도 다시 정리와 청소가 필요합니다. 우리가 원하는 결과를 도출할 때까지 지속적으로 정리와 청소를 해야 합니다. 마지막 준비 과정인 결과 변수, 타깃 혹은 레이블을 변경해 보도록 하겠습니다.

2-3.
데이터를 바꾸어 볼까요?

이제 마지막으로 우리가 예측하고 싶은 결과 변수, 즉 레이블(label)를 범주형 데이터로 바꾸어 보겠습니다. '삶질만족'이 결과 변수입니다. 결과 변수 '삶질만족' 열은 연속형 데이터(0~100점)로 되어 있습니다. 다음 장에서 다루겠지만, 우리가 적용할 빅데이터 알고리즘은 앙상블 계열의 랜덤포레스트(Randomforest)입니다. 우리가 다루고 있는 문제는 기본적으로 분류 문제를 다루고 있습니다. 즉 결과 변수의 데이터가 범주형이어야 합니다. 그럼 '삶질만족' 데이터를 1(만족)과 0(불만족)의 범주형으로 변환해 보겠습니다.

하지만 여기서 한 가지 고민이 생깁니다. 과연 1과 0을 나누는 기준은 무엇일까요? 이것이 빅데이터 분석에서 가장 중요한 핵심입니다. 데이터를 나누는 기준을 설정하는 것은 인간의 영역입니다. 결국 해결하고자 하는 문제에 대한 높은 이해와 경험 등이 있어야만 가장 좋은 기준을 설정할 수 있을 것입니다.

우리는 70을 기준으로 1과 0으로 분류하도록 하겠습니다. 70점 초과는 만족 1, 70점 이하는 불만족 0으로 변환하겠습니다.

이를 위해 고급 함수가 필요합니다. 바로 pandas.apply()입니다. pandas.apply()는 데이터들의 평균, 제곱근, 합계 등과 같은 연산을 적용하여 한 번에 쉽게 변환해 주는 아주 강력한 함수입니다. 특히 우리가 원하는 데이터로 변화시킬 수 있는 기능이 있습니다.

이와 더불어 이 함수에 연산 방정식을 적용하기 위해서는 'lambda'가 필요합니다. 'lambda'는 복잡한 함수를 간단하게 만들어 주는 좋은 기능을 가지고 있습니다. 우리가 원하는 것은 삶질만족 열의 값이 70을 초과하면 1로 바꾸고, 나머지는 0으로 변환하는 것입니다. 이것을 잘 생각해 보시면 아주 간단하게 법칙을 만들 수 있습니다.

① 우선 '삶질만족'을 x라고 정의한다.

② x 〉 70이면 1(만족)이고, 아니면 0(불만족)이다.

③ 위의 문장을 if, else로 바꾼다.

④ if x 〉 70 1 else 0

이 법칙을 'lambda'에 적용하면 함수로 만들어 줍니다. 함수로 만드는 방법은 'lambda 입력(x) : 결과(1 혹은 0)'의 형태로 만드는 것입니다. 'lambda'는 삶질만족 x를 입력해서 결과를 1 혹은 0으로 변환해 줍니다. 따라서 우리가 앞에서 정의한 법칙 ④를 'lambda'에 대입하면 됩니다. 'lambda x : 1 if x 〉 70 else 0'입니다. 이렇게 정의한 'lambda' 함수를 우리가 바꾸고 싶은 열에 apply()를 적용해 주면 됩니다. 그럼 비주얼 파이썬에 적용해 보도록 하겠습니다.

Step 1. lambda 함수 apply()에 적용하여 변환하기

① 비주얼 파이썬 오렌지색 창에서 'Frame'버튼을 클릭한다.

② 'DataFrame'에서 'final_df2'를 클릭한다.

③ 'Allocate'에서 'Inplace' 박스를 클릭한다.

④ 'Edit'를 클릭한 후 'Add Column'를 클릭한다.

⑤ 새로운 창에서 'Column Name'에 삶질만족_1을 기입한다.

⑥ 'Add Type'에서 'Apply'를 선택한다.

⑦ 'Column'에서 '삶질만족'을 선택한다.

⑧ 아래 칸에 lambda x : 1 if x 〉 70 else 0을 기입한다.

⑨ 'OK'를 클릭한다.

⑩ 'Code view'를 클릭한다.

⑪ 'Run'을 클릭한다.

[그림 2-31] lambda 함수 apply()에 적용하여 변환하기

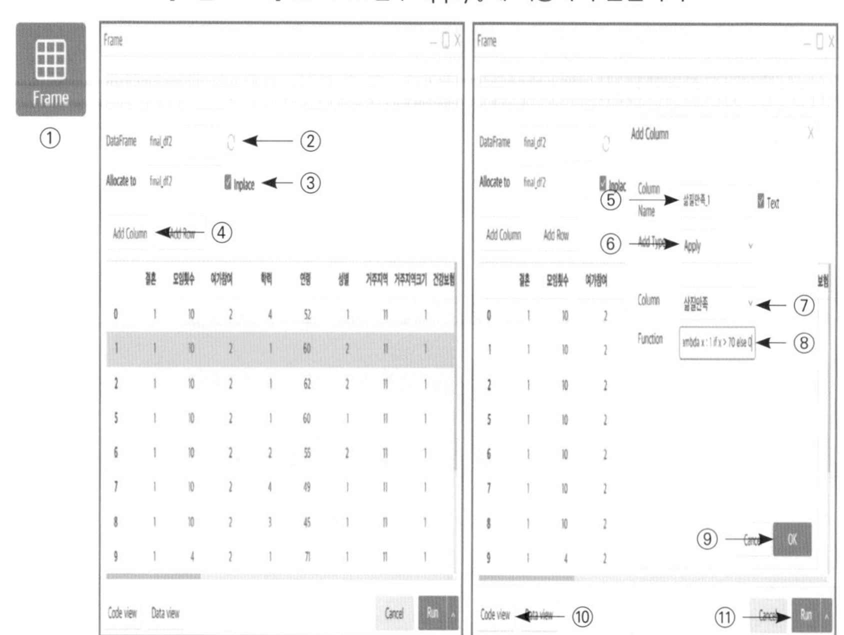

데이터가 잘 변환되었는지 확인해 보도록 하겠습니다. 우선 'final_df2['삶질만족_1'].value_counts()'를 실행시키면 1은 693, 0은 907개로 총 1600개입니다. '삶질만족' 열의 연속형 데이터가 '삶질만족_1' 열의 1과 0으로 모두 변환된 것 같습니다. 여기서 '삶질만족' 열의 70 초과 값들이 '삶질만족_1' 열에 1로 오류 없이 잘 변환되었는지 궁금합니다. 또한 70 이하의 값들이 0으로 오류 없이 변환되었는지도 궁금합니다. 두 가지 방법으로 확인이 가능합니다. 첫 번째는 pandas.loc를 활용하는 것입니다. 우리는 pandas.loc로 데이터의 특정 행이나 열 라벨에 접근해서 읽어 올 수 있습니다. 두 번째는 'if boolean 조건문'을 활용하는 것입니다. 'if boolean 조건문'은 '참(true)'과 '거짓(false)'의 논리 구문으로서 우리가 정한 조건이 맞으면 '참'으로, 틀리면 '거짓'으로 표시해 주는 것입니다.

그럼 pandas.loc를 활용해 결과를 비교해 보겠습니다.

[그림 2-32] pandas.loc를 활용해 결과 비교하기

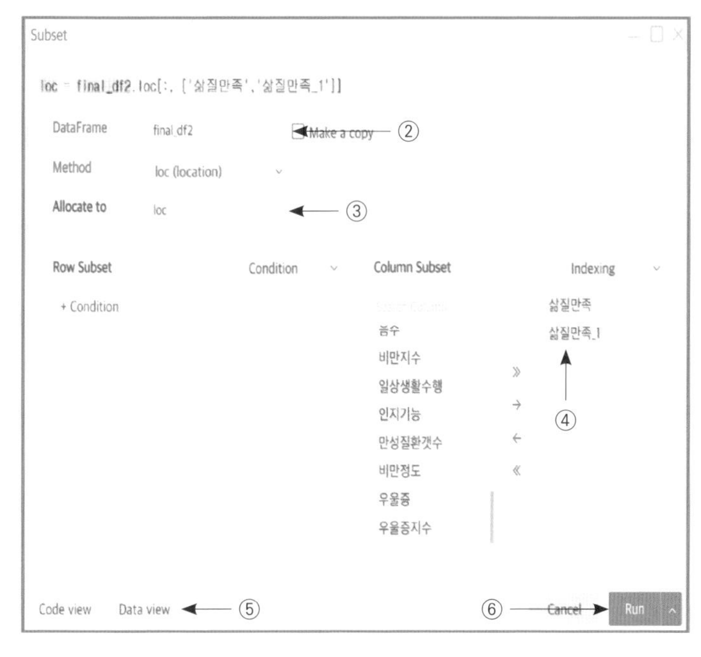

Step 1. pandas.loc를 활용해 결과 비교하기

① 비주얼 파이썬 오렌지색 창에서 'Subset'버튼을 클릭한다.

② 'DataFrame'에서 'final_df2'를 선택한다.

③ 'Allocate to'에 loc를 기입한다.

④ 오른쪽 'Column Subset'에서 '삶질만족'과 '삶질만족_1'을 선택하여 오른쪽으로 이동한다.

⑤ 'Code view'와 'Data view'를 클릭한다.

⑥ 'Run'을 클릭한다.

pandas.loc는 우리가 필요한 데이터를 추출해 주는 기능입니다. 특정 행과 열을 지정해서 필요한 데이터를 조회하고 추출해 주는 것입니다. 근데 'loc'를 실행하면 중간에 데이터가 없습니다. 주피터는 기본적으로 모든 데이터를 모두 보여 주지

않습니다. 결과를 보면 앞에서 5줄과 마지막 5줄을 보여 주고 있습니다. 모든 행의 결과를 보기 위해서는 'pd.set_option('display.max_rows',None)'를 실행 후에 'loc'를 다시 실행해 보시기 바랍니다. 그러면 컴퓨터가 모든 행의 결과를 보여 줍니다.

[그림 2-33] loc 실행 결과

```
pd.set_option('display.max_rows', None)
```

```
loc
```

	삶질만족	삶질만족_1
0	68.000000	0
1	30.000000	0
2	50.000000	0
3	50.000000	0

마우스를 내리면서 확인해 보면 오류없이 잘 변환된 것 같습니다. 지금의 데이터는 1600개로 확인할 수 있습니다. 하지만 만약 데이터가 수십만 건이 넘는다면, 이렇게 데이터를 눈으로 일일이 확인을 하는 것은 우리의 눈을 혹사시킬 뿐만 아니라 시간 낭비일 것입니다. 컴퓨터가 확인하도록 시켜 보는 건 어떨까요?

그것이 두 번째 방법인 'if boolean 조건문'을 활용하는 것입니다. '삶질만족'과 '삶질만족_1' 열의 조건을 서로 비교해서 맞지 않을 경우에 '거짓(false)'를 알려달라고 하면 됩니다.

Step 2. if boolean 조건문으로 결과 비교하기

① 검색창 오른쪽에서 '메모장' 그림을 클릭한다.

② 'Logic'을 클릭한다.

③ 'Control'에서 'if'를 클릭한다.

④ 새로운 창의 왼쪽 'Variable'에 (loc.삶질만족 〉 70).all()을 기입한다.

⑤ 'Operator'에서 '=='를 선택한다.

⑥ 오른쪽 'Variable'에 (loc.삶질만족_1 == 1).all()을 기입한다.

⑦ 'Code view'를 클릭해서 확인하다.

⑧ 'OK'를 누른다.

⑨ 오른쪽 창에 '1 if' 문'을 클릭 후에 'else on'을 클릭한다.

⑩ 'if' 아래에 있는 'pass'를 두 번 클릭한다.

⑪ 새로운 창에 print('오류없음')을 기입한다.

⑫ 'OK'를 누른다.

⑬ 'else' 아래에 있는 'pass'를 두 번 클릭한다.

⑭ 새로운 창에 print('오류발견')을 기입한다.

⑮ 'OK'를 누른다.

⑯ 'if' 위에 마우스를 올려놓고 오른쪽 버튼을 누른 후에 'Run'을 클릭한다.

[그림 2-34] if boolean 조건문으로 결과 비교하기 ①~⑩

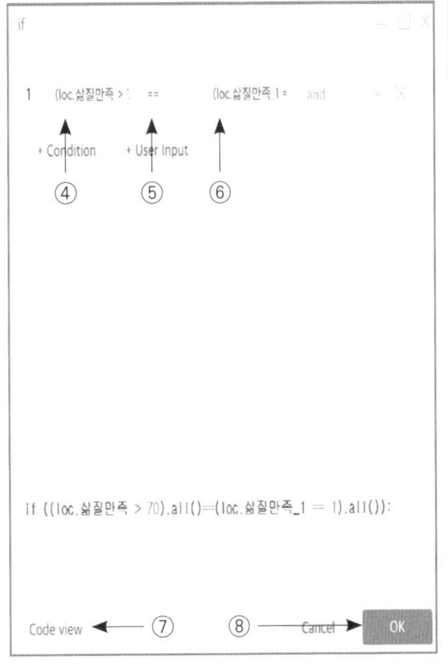

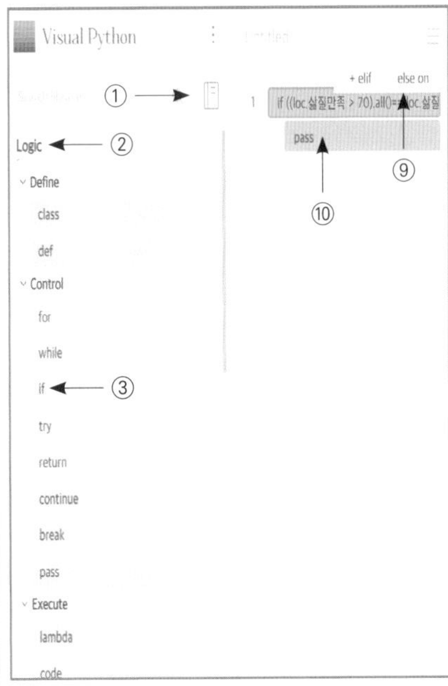

[그림 2-35] if boolean 조건문으로 결과 비교하기 ⑪~⑯

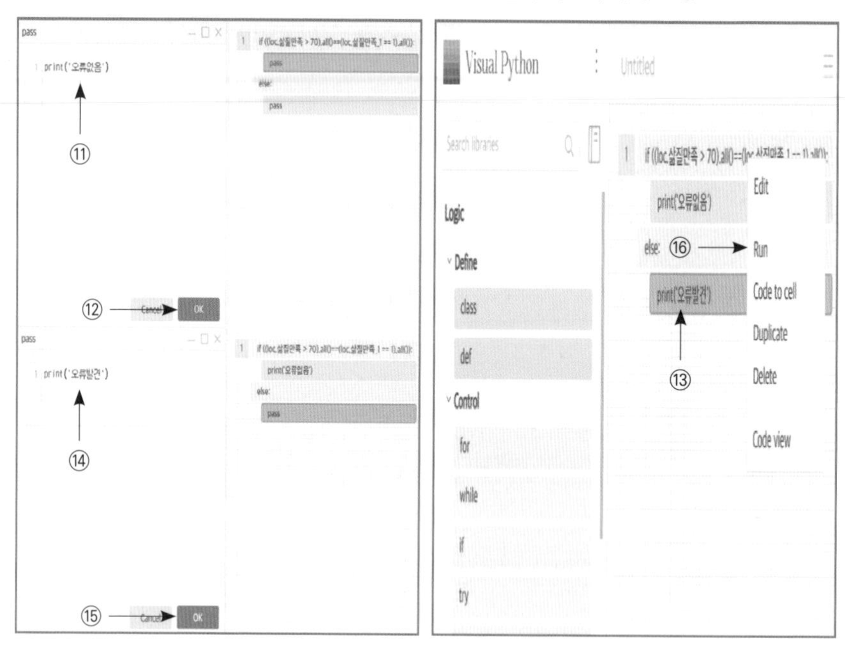

결과를 보시면 '오류없음'으로 나왔습니다. 두 가지 방법을 설명드렸는데 두 번째 방법이 쉽게 오류를 확인할 수 있습니다.

[그림 2-36] if boolean 조건문 실행 결과

```
# Visual Python: Logic > if
if ((loc.삶질만족 > 70).all() == (loc.삶질만족_1 == 1).all()):
    print('오류없음')
else:
    print('오류발견')
```

```
오류없음
```

아쉽게도 'if boolean 조건문'을 만드는 것은 쉽지 않습니다. 하지만 논리를 잘 생각해 보면 생각보다 쉽게 만들 수 있습니다. '삶의만족' 열에서 70을 초과하는 데이터는 '참(True)'이고, 이하는 '거짓(False)'입니다. 그렇다면 '삶질만족_1' 열에서 '1'이 '1'이면 참(True)이고, 아니면 '거짓(False)'입니다. 이렇게 ④의 (loc.삶질만족 〉 70)와 ⑥의 (loc.삶질만족_1 == 1)을 복사해서 각각 다른 셀에 실행하면 'True'와 'False'가 나옵니다. 이제 우리가 할 것은 ④과 ⑥의 비교입니다. ⑤ '==' 부호가 이것을 비교하는 것입니다. ④과 ⑥의 결과가 같다면 '참(True)'이고, 틀리면 '거짓(False)'입니다. 따라서 'if'에서 '삶질만족'과 '삶질만족_1'이 같다면(==) '참'으로 '오류없음'이고, 다르면 '거짓'으로 '오류발견'으로 알려 달라고 하면 됩니다. 그럼에도 불구하고 이런 코드를 만드는 것은 쉽지 않습니다. 하지만 한번 생각해 보는 것도 괜찮을 것 같습니다. 이제 우리는 '삶질만족'의 데이터가 '삶질만족_1'로 잘 변환된 것을 확인하였습니다.

다음으로 '삶질만족'을 2개가 아닌 3개로 분류해 보도록 하겠습니다. 만족하는 정도를 상중하로 분류하는 것입니다. 실제로는 3개 이상의 분류가 필요할 때도 있습니다.

3개로 분류하기 위해서는 pandas.cut()을 이용하면 됩니다. pandas.cut()은 연속형(continuous) 데이터를 이산형 구간(discrete intervals)으로 변환해 줍니다. 예를 들어 1부터 9의 값을 3개 구간(bins)으로 나눈다면, 1~3는 '1', 4~6은 '2', 그리고 7~9는 '3'의 구간으로 나눌 수 있습니다. 연속형 데이터를 범주형으로 변환하는 것입니다. pandas.cut()을 활용해서 특정 열의 데이터를 정의한 구간에 따라 범주형의 데이터로 바꿀 수 있습니다.

'삶질만족' 열은 0점부터 100점 구간을 -1~49점, 50~69점, 70~100점으로 나누고자 합니다. 각 구간을 1, 2, 3으로 변환합니다. -1~49점은 1, 50~69점은 2, 70~100점은 3으로 숫자를 바꾸어 줍니다. pandas.cut()을 이용해서 '삶질만족' 열의 데이터를 1, 2, 3으로 변화해 보겠습니다.

[그림 2-37] 구간 나누기

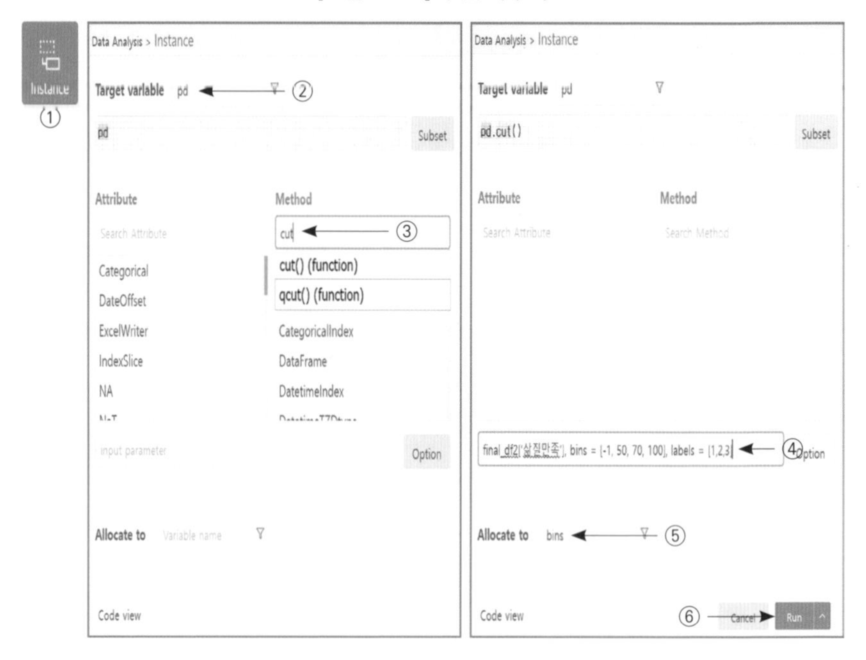

Step 1. 구간 나누기

① 비주얼 파이썬 오렌지색 창에서 'Instance' 버튼을 클릭한다.

② 'Target variable'에서 'pd'를 선택한다.

③ 'Method'에서 'cut'을 찾아 클릭한다.

④ 'Input parameter'에 final_df2['삶질만족'], bins = [-1, 50, 70, 100], labels = [1, 2, 3]을 기입한다.

⑤ 'Allocate to'에 bins를 기입한다.

⑥ 'Run'을 클릭한다.

실행을 누르면 '삶질만족'의 연속형 데이터가 1, 2, 3구간의 범주형 데이터인 시리즈로 변환된 것을 확인할 수 있습니다. ④에서 우리는 bins, 즉 구간을 [-1, 50, 70, 100]으로 정의하고 이 구간의 라벨을 1, 2, 3으로 변환해 달라고 했습니다. 컴퓨터는 -1~49점은 1, 50~69점은 2, 70~100점은 3으로 바꾸어 주었습니다. 만약 구간을 4개로 바꾸고 싶다면 0 bins = [-1, 30, 50, 70, 100]으로, labels = [1, 2, 3, 4]로 변경해 주시면 됩니다.

[그림 2-38] 구간 나누기 결과

```
# Visual Python: Data Analysis > Instance
bins = pd.cut(final_df2['삶질만족'], bins  = [-1, 50, 70, 100], labels =[1,2,3])

bins
0        2
1        1
2        1
5        1
6        2
7        2
8        2
9        3
10       2
```

마지막으로 우리가 변환한 'bins' 데이터를 'final_df2'에 합쳐보겠습니다. 앞 장에서 pandas.merge()를 활용해 2개의 파일을 합쳤습니다. 이번에는 pandas.concat()을 이용해 'bins'를 'final_df2'에 합쳐 보겠습니다.

pandas.concat()과 pandas.merge()의 차이점은 데이터의 연관성입니다. pandas.concat은 축(axis)을 기준으로 파일을 결합합니다. 즉 열(1)과 행(0)이 기준이 됩니다. 열이 축(axis = 1)이 되면 왼쪽에서 오른쪽으로, 행이 축(axis = 0)이 되면 파일을 아래에서 위로 합치게 됩니다. 하지만 pandas.merge()는 기준 열(key columns)을 중심으로 파일을 연결해 주는 것입니다. 쉽게 설명드리자면 A 데이터 파일에는 '김 씨'가 있고, B 데이터에는 '김 씨'의 주소가 있습니다. 만약 B의 '김 씨'의 주소를 A에 있는 '김 씨'로 연결하여 합치고 싶다면 pandas.merge()를 사용해야 합니다. 만약 pandas.concat()을 사용한다면, B의 '김 씨'의 주소는 A의 '김 씨'가 아닌 '이 씨'로 합쳐질 수 있습니다.

따라서 pandas.concat()은 단순히 파일을 합치는 데 유용하고, pandas.merge()는 구조를 가진 연관성 있는 데이터를 합치는 경우에 유용합니다. 그럼 pandas.concat()으로 'bins' 데이터를 'final_df2'에 합치겠습니다.

Step 1. concat으로 파일 합치기

① 비주얼 파이썬 오렌지색 창에서 'Bind' 버튼을 클릭한다.

② 'DataFrame'에서 'final_df2'를 선택하여 오른쪽으로 이동 후 'bins'를 선택해서 오른쪽으로 이동한다.

③ 'OK' 버튼을 클릭한다.

④ 'Axis'에서 'Columns'를 선택한다.

⑤ 'Data view'를 클릭한다.

⑥ 'Run'을 클릭한다.

①에서 'Bind Type'에 디폴트로 'concat'가 설정되어 있습니다. 실행 결과 '삶질만족' 열의 값이 1, 2, 3으로 보입니다. 구간별로 변환한 'bins' 데이터들이 'final_df2'에 합쳐졌습니다.

[그림 2-39] concat으로 파일 합치기

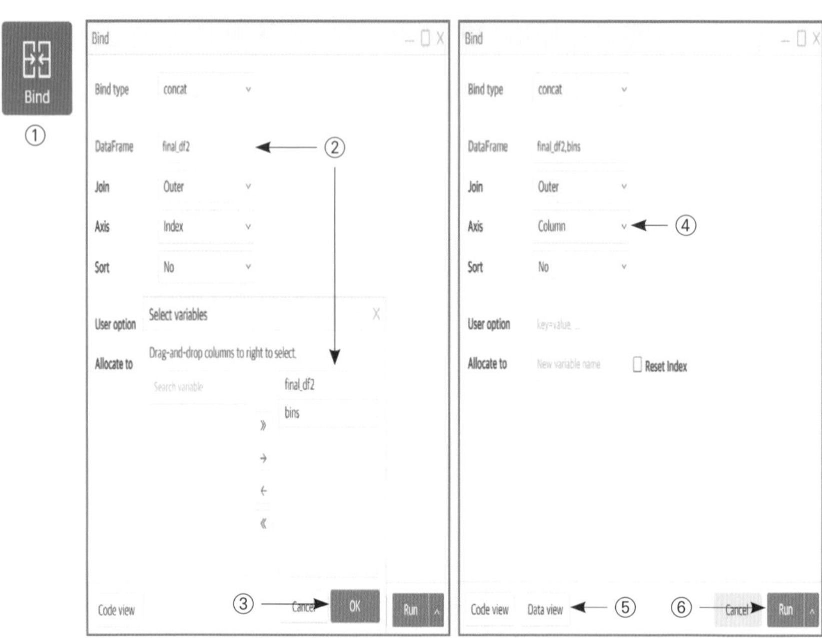

[그림 2-40] concat 실행 결과

```
# Visual Python: Data Analysis > Bind
pd.concat([final_df2,bins], join='outer', axis=1)
```

일상생활수행	인지기능	만성질환갯수	비만정도	우울증	우울증지수	삶질만족_1	삶질만족
0	29.0	0	2.0	0	1.6	0	2
0	27.0	2	3.0	0	1.2	0	1
0	27.0	0	4.0	0	1.5	0	1
0	29.0	0	4.0	0	1.4	0	1
0	29.0	0	2.0	0	1.4	0	2
...	...	...	...	...	...	...	...
0	30.0	0	4.0	0	1.5	1	3
0	24.0	0	4.0	1	1.9	0	2
0	27.0	1	2.0	0	1.3	1	3

우리는 '삶질만족' 열을 1과 0으로 변환한 데이터('삶질만족_1')를 사용하여 다음 장에서 정책 수립에 필요한 빅데이터 알고리즘과 시각화 분석 기법을 실습하겠습니다. 데이터를 잘 청소하고 정리를 하였으니, 이제 빅데이터를 분석할 수 있는 준비가 되었습니다.

Chapter 3.

노인들의 삶을 예측하는 데 무엇이 가장 중요할까요?

Chapter 3.

노인들의 삶을 예측하는 데 무엇이 가장 중요할까요?

누군가의 삶을 예측한다는 것은 점성술이나 신의 영역이 아닐까 싶었습니다. 하지만 최근에 소개된 많은 알고리즘을 통해 신의 영역에 점점 가까이 가고 있다는 것을 경험하고 있습니다. 최근 연구에 따르면 가까운 미래에는 갓 태어난 아이의 DNA를 분석하여 아이의 미래를 예측할 수도 있다고 합니다. 그렇다면 우리는 어떻게 아이의 미래를 예측할 수 있을까요? 개념은 아주 단순합니다. 미국 국립유전체연구소(National Human Genome Research Institute)에 의하면 "특정한 질병 혹은 특질과 통계적 연관성이 있는 유전자를 찾는 것'이라고 합니다. 예를 들어 A라는 질병이 B, C, D 유전자와 관련성이 높다면 B, C, D 유전자를 가진 김 씨는 A 질병에 걸릴 확률이 높습니다. 그러나 여기서 한 가지 우리가 이해해야 할 것은 B, C, D 유전자가 A를 발생시키는 유전자인지는 알 수 없다는 것입니다. A 질병은 우리가 모르는 유전자에 의해 발병될 수 있지만, 김 씨에게 B, C, D 유전자가 있다면 A 질병이 나타날 수 있다는 것입니다.

이러한 관점에서 우리도 노인들의 삶을 예측할 수 있지 않을까요? 노인들이 미래에 행복한 삶을 사는 데 가장 연관성이 높은 변수들을 찾아내어, 이 변수들을 중심으로 필요한 정책들을 제공하면 노인들이 행복한 삶을 살 가능성이 높아질 것입니다.

3-1.
랜덤포레스트 알고리즘이 무엇일까요?

이번 장에서는 노인들의 삶의 만족과 연관성이 높고 중요한 변수를 찾기 위한 머신 러닝 알고리즘을 배워 보겠습니다. 분석에서 사용할 머신러닝 알고리즘은 랜덤포레스트(Randomforest)입니다. 랜덤포레스트를 이해하기 위해서는 우선 의사결정 나무(decision tree)를 이해해야 합니다. 먼저 간단한 게임을 한 가지 해 볼까요?

어느 날 아프리카를 여행하던 중 당신이 탑승한 비행기가 도착지에서 75km 떨어진 사막 한가운데에 추락하였습니다. 비행기 안에는 생존에 필요한 12가지 물품이 있습니다. 이 중에서 꼭 필요한 6가지를 선택해 보시기 바랍니다. 물품을 선택하기 전에 현재 추락한 장소에 남을 것인지, 아니면 목적지로 떠날 건지 먼저 정해 보시기 바랍니다.

12가지 물품 중 6가지 선택

1. 손전등(4개, 배터리 포함)
2. 칼(15cm, 1개)
3. 항공 지도
4. 자석으로 된 나침반
5. 붕대 한 상자
6. 45구경 총(총알 장전)
7. 물 1리터(개인별)
8. 사막의 동식물 도감
9. 선글라스(개인별)
10. 낙하산
11. 두꺼운 옷(개인별)
12. 화장용 손거울

이 게임의 목표는 생존 확률을 높이는 것입니다. 생존 확률은 현재 추락한 장소에 남아서 구조를 기다릴 것인지, 아니면 목적지로 갈 것인지에 따라 크게 달라질 수 있습니다. 정답은 현재 추락한 장소에 남아서 구조를 기다리는 것이 생존 확률이 더 높다고 합니다. 왜냐하면 이동을 하면 구조대가 우리를 발견하기 어렵기 때문입니다. 이제 어떤 물품을 선택하셨나요? 정답은 화장용 손거울, 손전등, 두꺼운 옷, 낙하산, 물 1리터, 칼입니다. 정답하고 비슷했나요? 손거울과 손전등은 우리의 위치를 알리고, 두꺼운 옷과 낙하산은 체온을 유지해 주며, 물 1리터와 칼(선인장 자르기용)은 수분 공급을 위해 필요합니다. 구조대가 우리를 발견할 때까지 가장 오랫동안 버티는 데 필요한 물품을 선택해야 합니다. 그렇다면 이것을 의사 결정 나무로 표현해 보겠습니다.

보시는 것처럼 의사 결정 나무는 생존 확률을 높이는 데 중요한 변수들의 조합을 찾는 것입니다. 이 게임에서 구조를 기다리고, 정답과 같은 6개의 물품을 선택했다면 생존할 확률은 85% 이상입니다.

[그림 3-1] 물품 선택에 따른 생존 확률

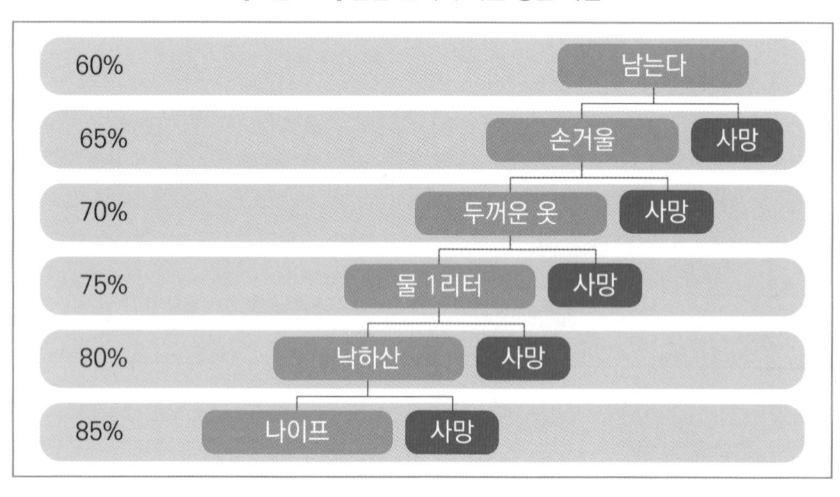

의사 결정 나무의 알고리즘은 지금 우리의 게임처럼 생존 확률을 높이기 위해 필요한 물품을 선택하는 방식으로 작동합니다. 의사 결정 나무의 가장 큰 장점은 매우 직관적이고 처리 속도가 대단히 빠르다는 것입니다. 반면 의사 결정 나무에도 치명적 단점이 있습니다. 그것은 바로 과적합(overfitting)에 취약하다는 것입니다. 과적합은 훈련에서는 강하지만 실전에서는 약하다는 것입니다. 예를 들어 훈련에서는 장타를 펑펑 잘 치다가도 실전만 되면 병살타를 치는 야구 선수의 유형입니다. 정답이 있는 훈련 데이터에서는 훌륭한 결과를 보여 주지만, 정답이 없는 데이터에서는 결과 예측 시 기대 이하의 결과를 보인다는 것입니다.

이러한 단점을 보완하기 위해 랜덤포레스트가 탄생되었습니다. 랜덤포레스트는 다수의 의사 결정 나무를 조합한 앙상블 학습(ensemble learning) 방법입니다. 랜덤포레스트는 훈련 데이터에서 무작위로 복원 추출한 데이터를 독립된 다수의 의사 결정 나무로 분석하는 것입니다. 이러한 접근은 단일 의사 결정 나무에서 나타나는 과적합의 문제를 크게 줄일 수 있습니다. Tin Kam Ho(1995)[3]의 아이디어로 발명된 이 알고리즘은 2006년 Leo Breiman(2001)[4]에 의해 랜덤포레스트라는 공식 명칭으로 등록되었고, 거의 10년간 머신 러닝 알고리즘 분야에서 압도적 성과를 보였습니다.

간단하게 랜덤포레스트의 앙상블 학습 개념과 작동 원리에 대해서 설명을 드리겠습니다. 앙상블은 간단히 말해 집단 지성을 활용하는 개념입니다. 앙상블은 클래식에서 소규모 합주단으로 사용되는 용어입니다. 여러 명의 연주자가 동시에 협력해서 더 좋은 음악을 만들어 내는 것입니다. 이러한 관점에서 앙상블 학습은 여러 개의 학습 알고리즘을 동시에 만들어 그 결과를 합치는 것입니다. 여기서 랜덤포레스는 배깅(bagging)을 기반으로 하고 있습니다. 배깅은 동일한 학습 알고리즘, 의사 결정 나무 알고리즘 한 가지만을 분석에 사용하는 방법입니다.

---

3) Tin Kam Ho, "Random decision forests", Proceedings of 3rd International Conference on Document Analysis and Recognition, Montreal, QC, Canada, 1995, pp. 278-282 vol.1

4) Breiman, L. Random Forests. Machine Learning 45, 5-32 (2001)

[그림 3-2] 부스트트래핑 방식

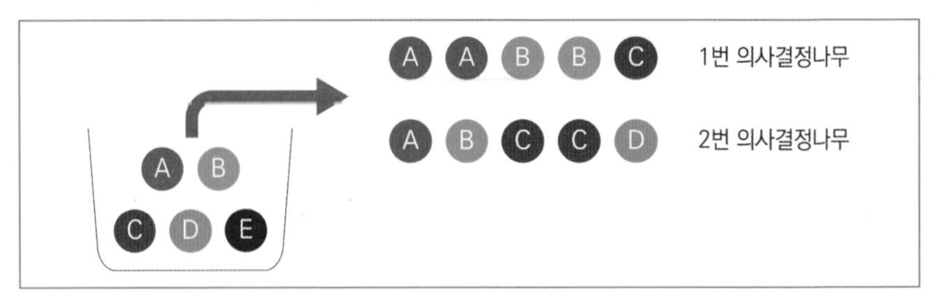

이때 데이터는 부스트트래핑(Bootstrapping) 방식으로, 각각의 의사 결정 나무 알고리즘는 중첩된 샘플링 데이터를 분석합니다. 그림을 보시면 이해가 더 쉬울 것입니다. 한 바구니에 A, B, C, D, E 구슬이 있으면, 1번 의사 결정 나무는 무작위로 뽑은 A, A, B, B, C를 주고, 2번 의사 결정 나무도 무작위로 뽑은 A, B, C, C, D의 데이터를 주어서 분석하게 하는 것입니다. 이때 복원 추출 방식, 즉 바구니에서 A를 뽑았으면 A를 다시 바구니에 넣고 거듭 뽑는 것입니다.

그렇다면 랜덤포레스트는 결과를 어떻게 합칠까요? 각 의사 결정 나무가 분석한 결과를 합치는 방식은 2가지입니다. 투표와 평균을 내는 것입니다. 투표는 다수결 원칙에 의해 가장 많은 선택을 결과로 결정하는 것이고, 평균은 각각의 결과를 합하여 확률을 계산하는 것입니다. 랜덤포레스트는 주로 평균을 내는 방식으로 최종 결과를 도출합니다. 그렇다면 여기서 중요한 것은 그 기준을 어떻게 선정할 것인가입니다. 이것은 평균의 기준을 얼마로 할 것인가에 대한 문제입니다. 예를 들어 랜덤포레스트 평균 결과 암 양성 확률 49%와 음성 확률 51%가 나왔다면 이 환자는 암일까요? 아니면 암이 아닐까요? 만약 음성 평균의 기준을 50% 이상으로 설정하면 이 환자는 암에 걸린 것이 아닙니다. 하지만 정확한 결정일까요? 혹시 암에 걸린 환자를 암에 걸리지 않은 환자로 오진하는 것은 아닐까요? 그렇다고 암 양성 판단 기준을 40%, 30%, 혹은 20%로 한다면 어떨까요? 암이 아닌 환자를 암에 걸린 환자로 진단하는 과잉 진료는 아닐까요? 여기서 머신 러닝의 가장 큰 문제점이 드러납니다. 알고리즘의 계산 능력과 속도는 인간의 능력을 초월하지만 판단 기준은 인간이 결정해야 합니다.

마지막으로 랜덤포레스트에서 각각의 의사 결정 나무는 마디(node)와 가지(brach)를 통해 결과를 예측합니다. 마디와 가지를 나누는 분류기준이 무엇인지 살펴보겠습니다. 분류 기준은 정보 엔트로피(information entropy)입니다. 정보 엔트로피트의 개념은 엔트로피가 줄어들면 내가 알고 있는 정보의 양이 늘어나는 개념입니다. 반대로 엔트로피가 증가하면 정보의 양이 손실될 것입니다.

다소 어려운 개념이지만 그림을 보면 쉽게 이해될 것입니다. 사막 생존 게임을 다시 한번 생각해 보시기 바랍니다. '남는다' 바구니에 10개의 공이 들어 있습니다. 여기서 공은 정보를 의미합니다. '남는다' 바구니 속 공들 중 9개가 생존, 1개가 사망이라면 우리는 이 바구니에서 어떤 공이 뽑힐지 쉽게 알 수 있습니다. 즉 이 바구니는 엔트로피가 낮은 바구니입니다. 엔트로피가 낮다는 것은 정보의 순도가 높다는 것을 의미합니다. 반대로 '떠난다' 바구니 속 공들 중 4개가 생존, 4개가 사망, 2개가 모름이라면 어떤 공이 뽑힐지 예측하기 어려울 것입니다. 즉 이 바구니는 엔트로피가 높은 바구니이자, 불순도가 높은 바구니입니다. 의사 결정 나무는 마디와 가지의 분류 기준을 엔트로피가 낮은, 바구니에서 어떤 공이 뽑힐지 가장 쉽게 알 수 있는 변수를 선택하는 방향으로 마디와 가지를 결정합니다.

[그림 3-3] 정보 엔트로피 개념

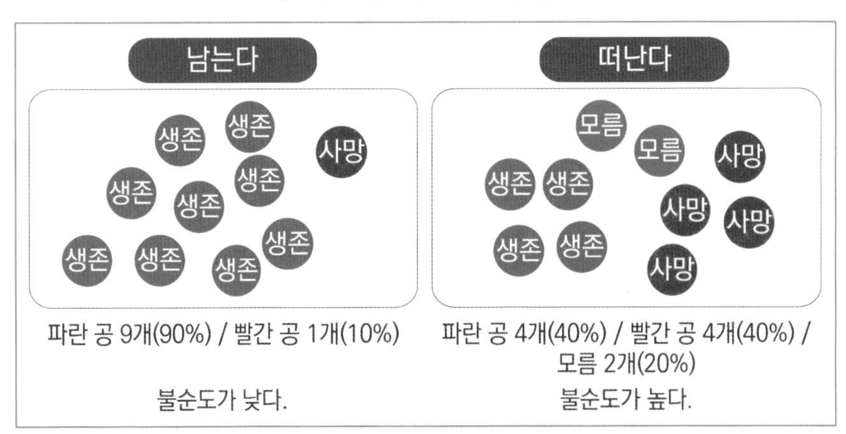

하지만 여기서 과적합 문제가 발생합니다. 의사 결정 나무는 바구니에 1개 정보만 남을 때까지 분류하므로 지나치게 많은 마디와 가지를 가지게 됩니다. 새로운 데이터는 이 마디와 가지에서 분류한 기준을 충족시키지 못할 가능성이 높습니다. 왜냐하면 바구니에 없는 다른 정보를 가지고 있을 가능성이 높기 때문입니다. 결국 의사 결정 나무는 새로운 데이터를 분류하는 데 어려움을 겪게 됩니다. 랜덤포레스트는 이러한 문제점을 보완하기 위해서 다수의 의사 결정 나무에서 나온 결과를 합쳐서 과적합의 문제를 최소화합니다.

랜덤포레스트는 여러 가지 장점을 가지고 있습니다. 우선 앞에서 이야기한 것처럼 과적합이 최소화되어 일반화가 높고 예측력이 우수합니다. 학습하지 않은 새로운 데이터에도 일정 수준 이상의 결과를 보여 줍니다. 두 번째는 데이터 스케일링(scaling)이 거의 필요하지 않습니다. 실제 데이터 분석 과정에서 스케일링은 결과에 큰 영향을 줍니다. 하지만 랜덤포레스트는 데이터를 정보 엔트로피를 기준으로 분류하기 때문에 데이터의 특성에 큰 영향을 받지 않습니다. 바구니에 들어 있는 정보의 양을 적게 만드는 기준이 무엇인지가 중요합니다. 예를 들어 몸무게를 예측하기 위한 연봉과 신장 데이터가 있다면, 연봉의 값은 몇 백부터 몇 억까지이고, 키는 1~200이므로 연봉 값의 범위가 신장 값보다 훨씬 큽니다. 연봉이 몸무게를 예측하는 데 더 큰 영향을 주게 됩니다. 그렇기 때문에 다른 알고리즘에서는 연봉과 신장 값을 -1과 1 사이 혹은 0과 1 사이 등과 같은 동일한 범위로 변환, 스케일링해 주어야 합니다. 하지만 랜덤포레스트는 값의 범위가 아닌 바구니에 적은 양의 정보를 담게 하는 기준이 무엇인지가 중요하므로 데이터 변환이 거의 요구되지 않습니다. 마지막으로 적은 파라미터로 상대적으로 높은 성능을 보여 줍니다. 파라미터는 알고리즘의 모델 성능을 향상시키고 과적합을 방지하기 위한 미세 조정입니다. 랜덤포레스트의 대표적인 파라미터는 한 바구니에 최소한 몇 개의 구슬을 담을 것인지, 분류 기준은 몇 개까지 할 것인지, 의사 결정 나무는 몇 개로 할 것인지 등입니다. 랜덤포레스트는 주요 파라미터 5~6개 만으로도 좋은 결과를 만들어 낼 수 있습니다. 랜덤포레스트에 대한 내용은 실제 데이터를 가지고 분석하면서 좀 더 설명하겠습니다. 이제 앞에서 깨끗하게 청소한 데이터를 가지고 노인들이 미래에 행복한 삶을 사는 데 가장 중요한 변수들을 찾아보겠습니다.

다음 장에서 데이터 분할, 모델 생성, 학습, 시험, 평가, 중요 변수 도출, 그리고 파라미터 조정 단계를 진행하겠습니다.

3-2.
데이터를 왜 분할하나요?

앞에서 깨끗하게 청소한 데이터를 x와 y로 분리하겠습니다. 중·고등학교 참고서가 문제지와 답안지로 분리되는 것처럼 x는 문제지고, y는 답안지입니다. x는 '삶질만족', 타깃 데이터(target data)를 제외한 나머지이고, y는 '삶질만족', 타깃 데이터만 있는 데이터입니다.

이렇게 x와 y로 분리된 데이터를 train data와 test data로 다시 분할합니다. train data와 test data로 구분하는 이유는 우리가 훈련시킨 모델의 예측력과 정확도가 얼마나 좋은지 평가하기 위한 것입니다. train data는 모의고사이고, test data는 본고사입니다. 이렇게 분할하는 이유는 우리의 모델이 실전에서 훈련과 비슷한 성능을 발휘할 수 있도록 만들기 위함입니다. 여기서 기억해야 할 것은 모델을 훈련시킬 때 test data를 사용하면 안 된다는 것입니다. 마치 컴퓨터에게 본고사 답을 알려 주는 것과 동일합니다. 만약 test data를 활용하면 어떤 결과가 나올까요? 예측과 정확도가 100% 일치될 것입니다.

머신 러닝 알고리즘을 실행하기 위한 기본 모듈은 3가지입니다. 사이킷런(sklearn) 패키지에서 모두 제공하는 모듈로 train_test_split, metrics, RandomForestClassifier입니다. train_test_split 모듈은 x와 y데이터를 train data와 test data로 분할하고, metrics는 모델의 예측도와 정확도를 평가하며, RandomForestClassifier는 랜덤포레스트 알고리즘 모델을 생성하는 모듈입니다.

step 1. 패키지 불러오기

① 비주얼 파이썬 오렌지색 창에서 'Import'를 클릭한다.

② 'Import' 창에서 'Machine Learning'를 클릭한다.

③ 'train_test_split', 'metrics' 체크 여부를 확인한다.

④ 'Run'을 클릭한다.

[그림 3-4] 패키지 불러오기

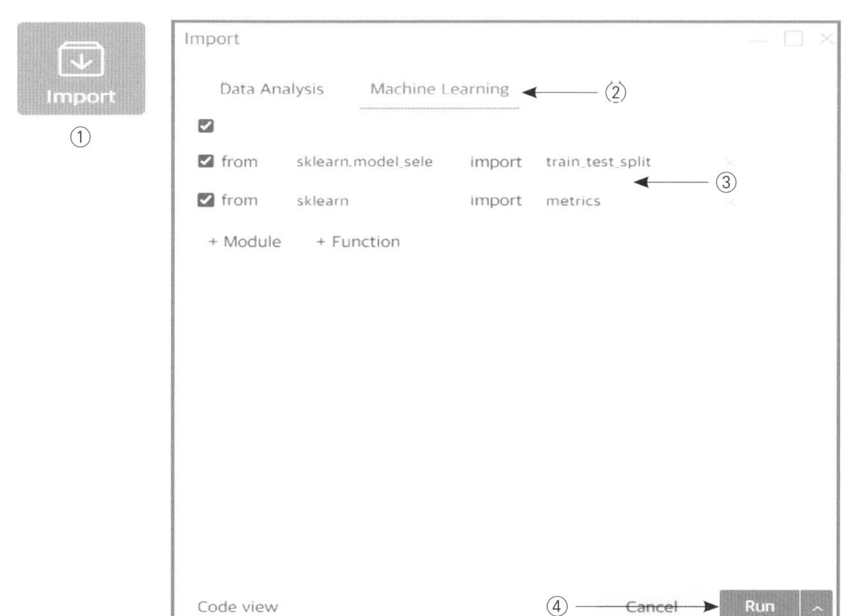

필요한 패키지를 불러왔습니다. 이제 데이터를 불러오겠습니다.

step 2. 데이터 불러오기

① 비주얼 파이썬 오렌지색 창에서 'File'를 클릭한다.

② 'File Path'를 클릭한다.

③ 파일 폴더 창이 나타나면 데이터를 저장한 폴더에서 'final_pred3.csv'를 클릭한다.

④ 'File' 창에서 'Allocate to'에 rf를 기입한다.

⑤ 'Run'을 클릭한다.

자 그럼 우리의 데이터를 x와 y로 분리하겠습니다. x는 '타깃 데이터' 정답이 없는 데이터이고 y는 '타깃 데이터' 정답만 있는 데이터입니다.

[그림 3-5] 데이터 불러오기

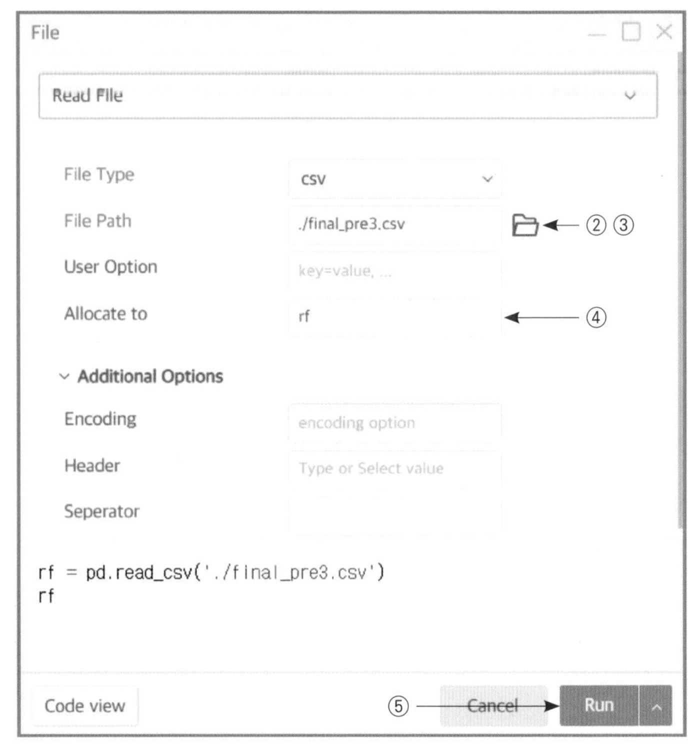

step 3. x와 y 데이터로 분할하기

step 3-1. x로 분할하기

① 비주얼 파이썬 오렌지색 창에서 'Frame'를 클릭한다.

② 'DataFrame'에서 'rf'를 클릭한다.

③ 'Allocate to'에 x를 기입한다.

④ 타깃 데이터 '삶질만족_1'을 클릭하고, 다시 마우스 오른쪽 버튼을 클릭한다.

⑤ 'Delete'를 클릭한다.

⑥ 'Run'을 클릭한다.

⑦ 실행 결과에서 '1600 x 31 columns'를 확인한다.

[그림 3-6] x로 분할하기

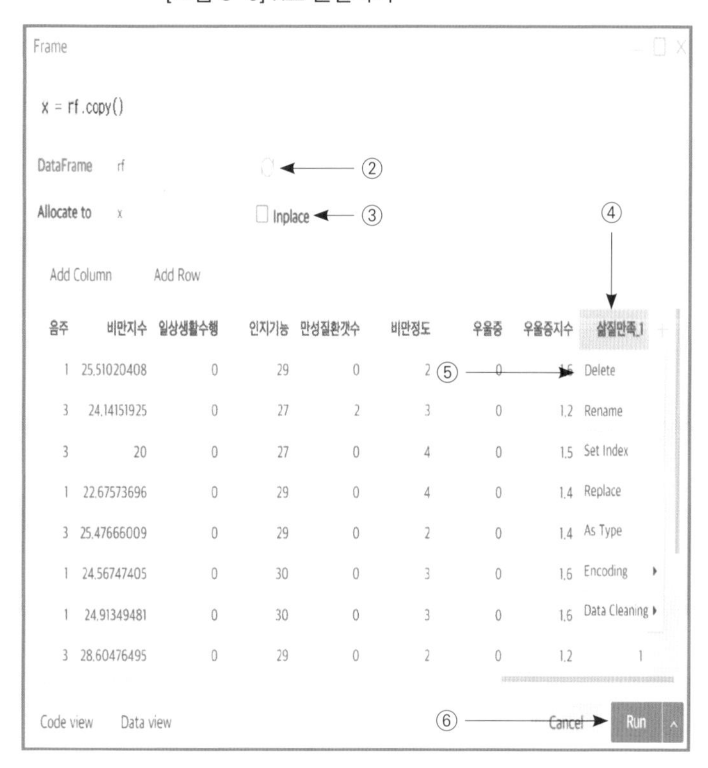

step 3-2. y로 분할하기

① 비주얼 파이썬 오렌지색 창에서 'Subset'을 클릭한다.

② 'DataFrame'에서 'rf'를 클릭한다.

③ 'Method'에서 'subset'을 클릭한다.

④ 'Allocate to'에 y를 기입한다.

⑤ 'Column Subset'에서 '삶질만족_1' 선택하여 오른쪽 'Indexing' 칸으로 옮긴다

⑥ 'Run'을 클릭한다.

⑦ 실행 결과에서 'Name: 삶질만족, Length : 1600, dtype: init'을 확인한다.

[그림 3-7] y로 분할하기

rf를 x와 y 데이터로 분할했으면, 다시 x와 y를 train data와 test data로 분할하겠습니다. 앞에서 설명드린 것처럼 train data는 모의고사이고, test data는 본고사입니다. 비주얼 파이썬으로 train data를 X_train(문제)과 y_train(정답)으로, test data를 X_test(문제)와 y_test(정답)으로 분할합니다. 컴퓨터에게 모의고사 문제(X_train)와 정답(y_train)을 주고 학습시킨 후에 본고사 문제(X_test)를 주면 컴퓨터가 답을 제출합니다. 우리는 컴퓨터가 제출한 답을 실제 정답(y_test)에 따라 채점한 결과로 알고리즘의 성능을 평가하게 됩니다.

step 4. train data와 test data 데이터로 분할하기

① 비주얼 파이썬 파란색 창에서 'Data Split'를 클릭한다.

② 'Feature data'에서 'x'를 클릭한다.

③ 'Target data'에서 'y'를 클릭한다.

④ 'Random state'에 123을 기입한다.

⑤ 'Run'을 클릭한다.

⑥ 셀 창에 print(X_train.shape, y_train.shape, X_test.shape, y_test.shape)을 기입하고 실행한다.

⑦ '(1200, 31), (1200,), (400, 31), (400,)을 확인한다.

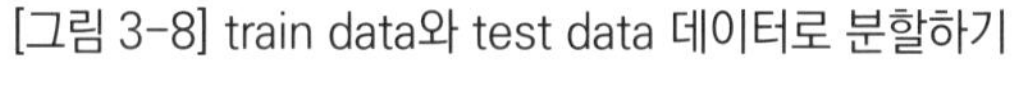
[그림 3-8] train data와 test data 데이터로 분할하기

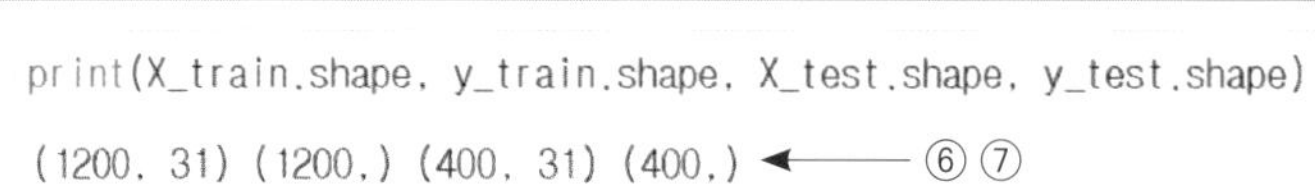

마지막 ⑥을 실행하면 4개의 결과를 보실 수 있습니다. 이것은 데이터의 행과 열의 개수를 알려 줍니다. 디폴트로 train data와 test data는 75%:25% 비율로 분할됩니다. 따라서 전체 데이터 1600개의 75%인 X_train은 (1200, 31), 즉 1200개 행과 31개의 열이고, y_train은 (1200,), 1200개 행의 정답을 가지고 있습니다. 25%를 가진 X_test는 (400, 31)이고, y_test는 (400,)입니다. 이것을 확인하는 이유는 문제와 정답의 개수가 맞는지 보는 것입니다. 문제와 정답의 개수가 다르면 오류가 발생하게 됩니다. 만약 train data와 test data의 비율을 변경하고 싶다면 'Test size'의 비율을 25%에서 원하는 비율로 변경하면 됩니다.

3-3.
랜덤포레스트 알고리즘을 왜 학습시킬까요?

우리가 해결해야 하는 문제의 유형은 분류 문제입니다. 정답이 1과 0으로 구분되어 있습니다. 1은 70점 초과로 노인들이 삶에 만족하는 것이고, 0은 70점 이하로 노인들이 삶에 만족하지 못하는 것입니다. 우리가 궁금한 것은 노인들의 자신들이 삶을 만족스럽게(70점 초과, 1) 여기는 데 어떤 변수들이 연관성이 높은지 찾는 것입니다. 그러기 위해서는 랜덤포레스트 알고리즘을 학습시켜야 합니다.

알고리즘을 학습시킨다는 것은 어떤 의미일까요? 랜덤포레스트로 데이터를 분류하는 데 있어 중요한 기준을 찾는 것입니다. 앞에서 설명드린 것처럼 바구니에 적은 양의 정보를 담게 하는, 불순도가 낮은 변수들을 찾게 하는 것입니다. 그리고 몇 개의 의사 결정 나무가 필요한지 등의 파라미터를 조정하여 가장 최적화된 값을 찾는 것입니다. 그렇기 때문에 알고리즘을 학습하는 과정은 수십 번 혹은 수백 번 반복됩니다. 그럼 랜덤포레스트 알고리즘을 학습하는 과정을 해 보겠습니다. 학습 과정은 모델 생성, 모델 학습, 모델 평가, 다시 모델 생성, 학습, 그리고 평가의 순으로 반복됩니다.

step 1. 모델 생성하기

① 비주얼 파이썬 파란색 창에서 'Classifier'을 클릭한다.

② 'Model type'에서 'RandomForestClassifier'를 클릭한다.

③ 'Run'을 클릭한다.

[그림 3-9] 모델 생성하기

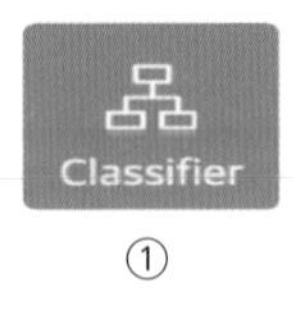

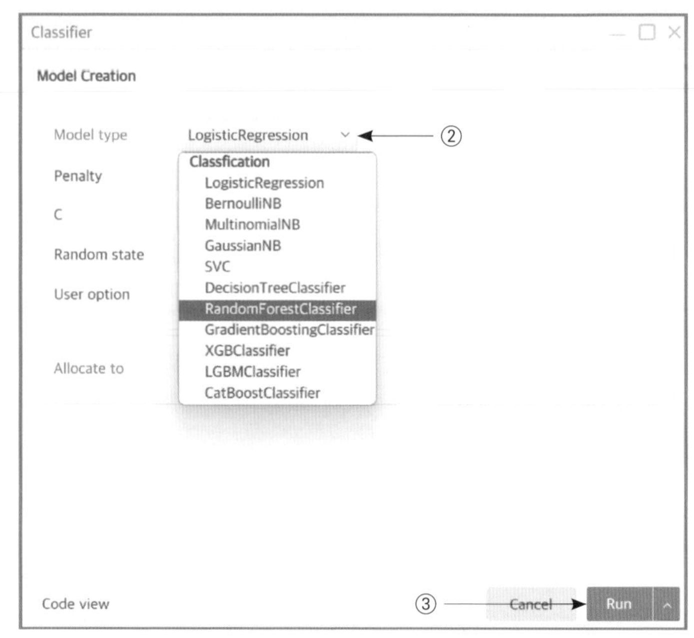

랜덤포레스트 알고리즘 모델이 생성되었습니다. 'model'에 우리가 생성한 RandomForestClassifier()가 담겨 있습니다. 우리가 정의한 'model'에는 학습시키기 위한 알고리즘, 수많은 수학 공식이 담겨 있습니다. 이제 이 수학 공식들을 적용하여 컴퓨터에게 문제를 풀도록 시키겠습니다. 문제를 풀기 위해서는 문제와 정답이 필요하겠지요. 문제는 앞에서 분류한 X_train이고, 정답은 y_train입니다. 수학 공식(model)을 이용하여 문제(X_train)를 풀고 정답(y_train)을 맞추는 학습 과정을 우리는 'fit'이라고 부릅니다. 그럼 학습을 시키겠습니다.

step 2. 모델 학습시키기

① 비주얼 파이썬 파란색 창에서 'Fit/Predict'를 클릭한다.

② 'Model'에서 왼쪽 박스의 'Classificaton'을 클릭한다.

③ 'Model'에서 오른쪽 박스의 'model(RandomForestClassifier)'을 클릭한다.

④ 'Action'에서 'Fit'을 클릭한다.

⑤ 'Option'에서 'X_train'과 'y_train'을 확인한다.

⑥ 'Run'을 클릭한다.

[그림 3-10] 모델 학습시키기

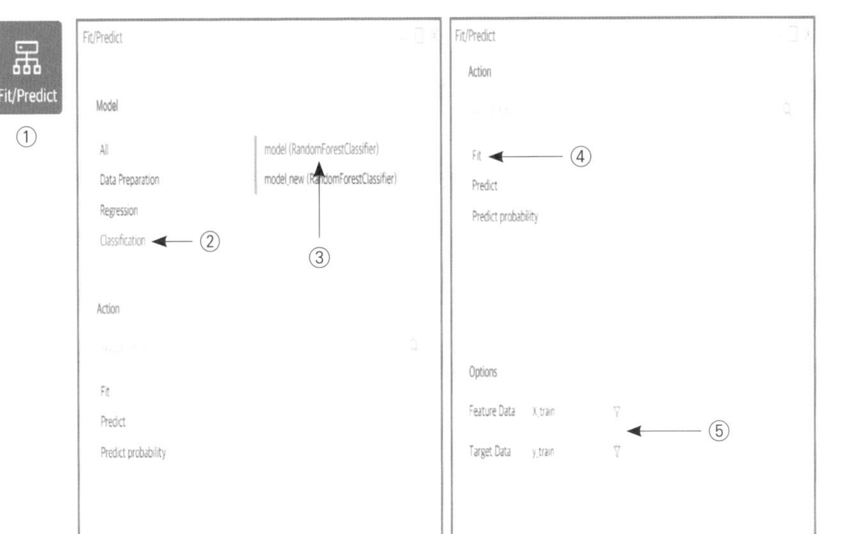

컴퓨터는 주어진 알고리즘(수학 공식)을 가지고 문제와 정답을 맞추는 학습 과정을 통해 본고사를 치를 준비가 되어 있습니다. 그럼 컴퓨터의 진짜 실력이 어느 정도인지 시험해 보겠습니다. 정답 없는 문제, X_test를 주고 얼마나 맞추는지 시험해 보겠습니다. 우리는 이 과정을 'predict'라고 합니다.

step 3. 모델 시험하기

① 비주얼 파이썬 파란색 창에서 'Fit/Predict'를 클릭한다.

② 'Model'에서 왼쪽 박스의 'Classificaton'을 클릭한다.

③ 'Model'에서 'model(RandomForestClassifier)'을 클릭한다.

④ 'Action'에서 'Predict'를 클릭한다.

⑤ 'Option'에서 'X_test'와 'pred'를 확인한다.

⑥ 'Run'을 클릭한다.

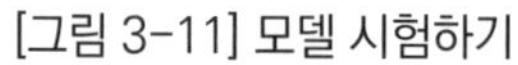

[그림 3-11] 모델 시험하기

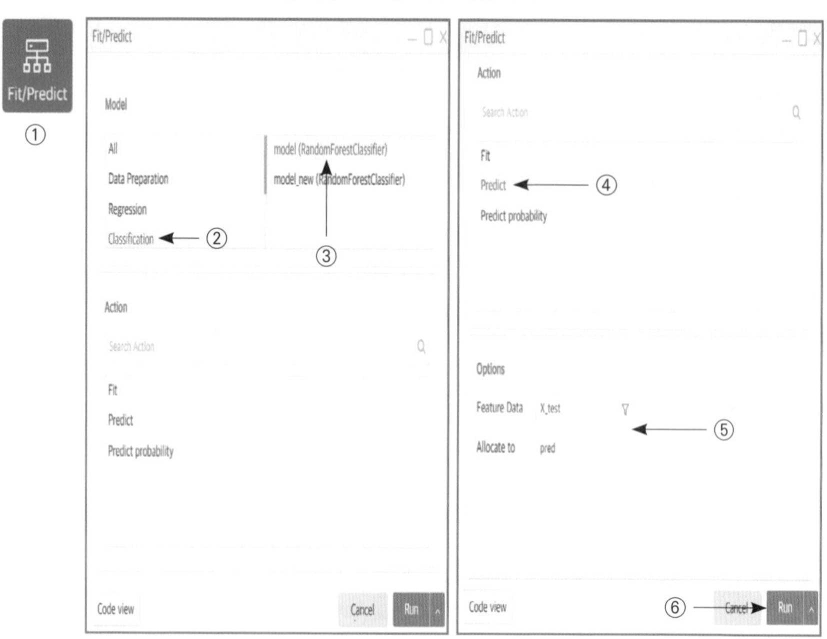

컴퓨터는 이전에 학습한 알고리즘을 가지고 새로운 문제, 정답이 없는 문제를 풀었습니다. 그리고 컴퓨터는 우리에게 예상 답안지을 주었습니다. 이 답안지는 'pred'에 담겨 있습니다. 셀 창의 결과를 보시면 1과 0으로 된 숫자들이 보입니다. 정답을 얼마나 맞추었는지 평가해 보겠습니다.

step 4. **모델 평가하기**

① 비주얼 파이썬 파란색 창에서 'Evaluation'을 클릭한다.

② 'Model type'에서 왼쪽 박스의 'Classificaton'을 클릭한다.

③ 'Evaluation Metrics'에서 오른쪽 박스의 'Confusion Matrix', 'Accuracy', 'Precision'를 클릭한다.

④ 'Run'을 클릭한다.

[그림 3-12] 모델 평가하기

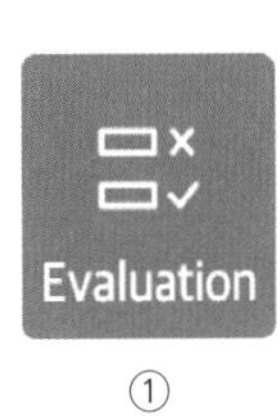

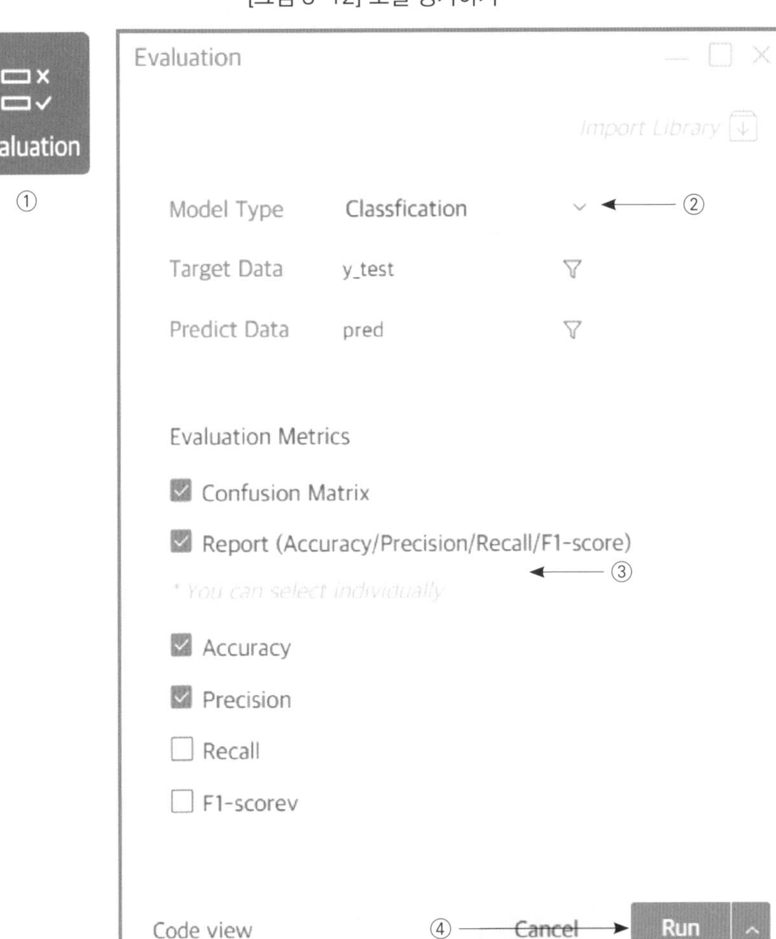

Accuracy는 0.647, Precision은 0.643이 나왔습니다. 우리의 목적은 노인의 삶의 만족도를 예측하는 데 중요한 변수가 무엇인지 찾는 것이므로, Accuracy 정확도보다 Precision 정밀도가 더 중요한 평가 기준입니다. Accuracy 정확도는 전체에서 1과 0을 맞춘 비율입니다. 우리가 학습시킨 'model'은 400개 중에 1(만족 집단)을 86개, 그리고 0(만족하지 못하는 집단)을 173개 맞추었습니다.

하지만 precision 정밀도는 삶에 만족할 것이라고 예측한 노인들 중 실제로 삶에 만족한다고 여기는 노인들의 비율입니다. 즉 'model'이 1이라고 예측한 데이터 중에서 실제로 1인 데이터의 비율입니다. 이것이 Precision 정밀도입니다. 'model'은 140명이라고 예측했고, 그 중에서 86명을 맞추었습니다.

Accuracy와 Precision이 0.65보다 높게 혹은 낮게 나타났을 것입니다. 대략적으로 0.65~0.68의 결과 값을 보일 것입니다. 이러한 이유는 앞에서 설명드린 것과 같이 랜덤포레스트가 부스트트래핑 계열의 알고리즘이기 때문입니다. 같은 바구니에서 100개의 샘플을 중복 추출해서 100개의 의사 결정 나무로 샘플 데이터를 분석합니다. 우리가 지금 얻은 결과 값은 100개의 평균값입니다.

[그림 3-13] 평가 결과

```
# Visual Python: Machine Learning > Evaluation
# Confusion Matrix
pd.crosstab(y_test, pred, margins=True)
```

col_0	0	1	All
삶질만족_1			
0	173	54	227
1	87	86	173
All	260	140	400

```
# Visual Python: Machine Learning > Evaluation
# Accuracy
metrics.accuracy_score(y_test, pred)
```

0.6475

```
# Visual Python: Machine Learning > Evaluation
# Precision
metrics.precision_score(y_test, pred, average='weighted')
```

0.6432843406593406

평균을 계산하기 때문에 매번 다른 결과를 보여줄 수밖에 없습니다. 하지만 여기서 중요한 것은 결과 값이 크게 변하는 것이 아니라 일정한 범위 안에 있다는 것입니다. 이것이 랜덤포레스트의 장점 중 하나입니다.

이제 노인의 삶의 만족도를 예측하는 데 중요한 변수가 무엇인지 확인해 보겠습니다. 우리는 이것을 Feature Importance라고 합니다. Feature Importance는 바구니 속 정보의 양을 줄이는 변수, 불순도를 낮추는 중요한 변수들의 평균값입니다. 랜덤포레스트는 수백 개의 의사 결정 나무를 가지고 분석하므로 각 의사 결정 나무는 변수의 중요도 값을 가지고 있습니다. Feature Importance는 각 의사 결정 나무의 변수 중요도 값을 합하여 평균값을 구할 수 있습니다. 그럼 무엇이 노인의 삶을 예측하는 데 중요한 변수인지 알아보겠습니다.

우선 글자체를 설정하겠습니다. 한글 글자체를 미리 설정해 놓지 않으면 시각화 과정에서 한글을 읽지 못하여 오류가 발생합니다.

[그림 3-14] 한글 글자체 설정

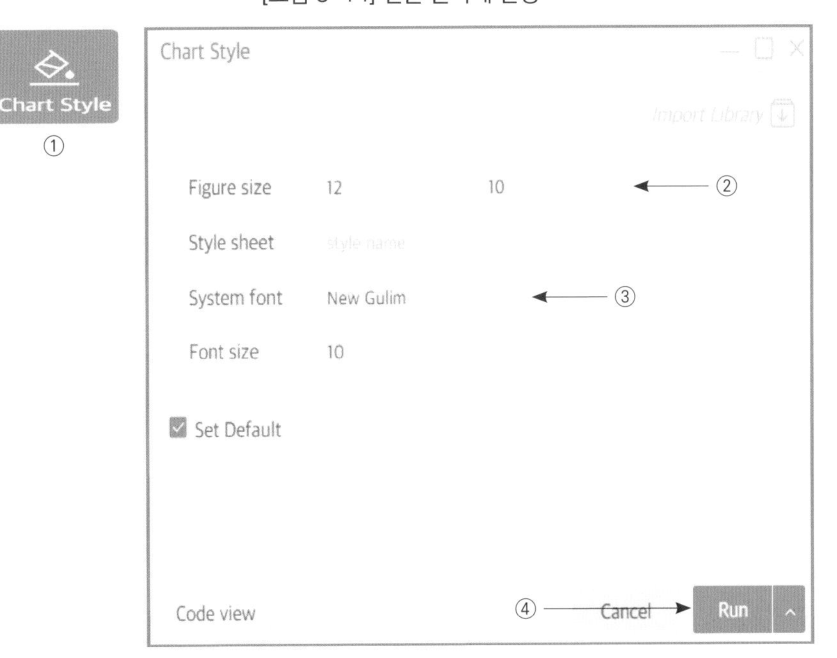

step 5. 한글 글자체 설정

① 비주얼 파이썬 녹색 창에서 'Chart Style'을 클릭한다.

② 'Chart Style' 창에서 'Figure size'에 12와 10을 기입한다.

③ 'System font'에서 'New Gulim'을 찾아서 클릭한다.

④ 'Run'을 클릭한다.

step 6. Plot Feature Importance 실행하기

① 비주얼 파이썬 파란색 창에서 'Model Info'를 클릭한다.

② 'Model'에서 왼쪽 박스의 'Classificaton'을 클릭한다.

③ 'Model'에서 'model(RandomForestClassifier)'을 클릭한다.

④ 'Info'에서 'Plot feature importances'를 클릭한다.

⑤ 'Options'에서 'X_train'과 'Sort data' 체크 박스를 확인한다.

⑥ 'Run'을 클릭한다

[그림 3-15] Plot Feature Importance 실행하기

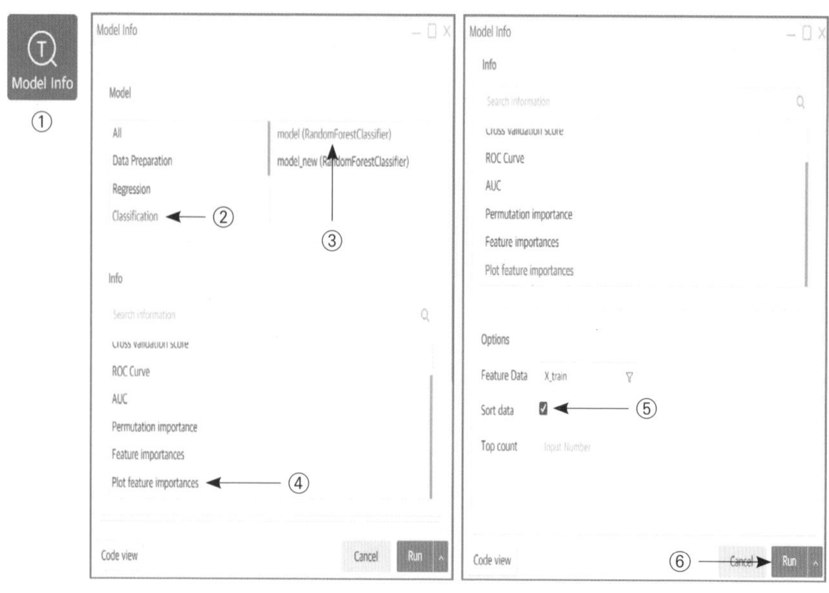

비주얼 파이썬은 시각화를 통해 Feature Importance를 보다 쉽게 확인할 수 있습니다. 'Plot Feature Importance'는 Feature Importance의 중요도 값을 백분율로 계산 및 환산해서 그래프로 보여 줍니다. 그래프에서 보는 것처럼 '월임금'이 가장 중요한 변수로 나타났습니다. 실제 Feature Importance의 중요도 값을 확인하고 싶다면 ④ 'info'에서 'Feature Importances'를 클릭하면 됩니다.

[그림 3-16] Plot Feature Importance 그래프

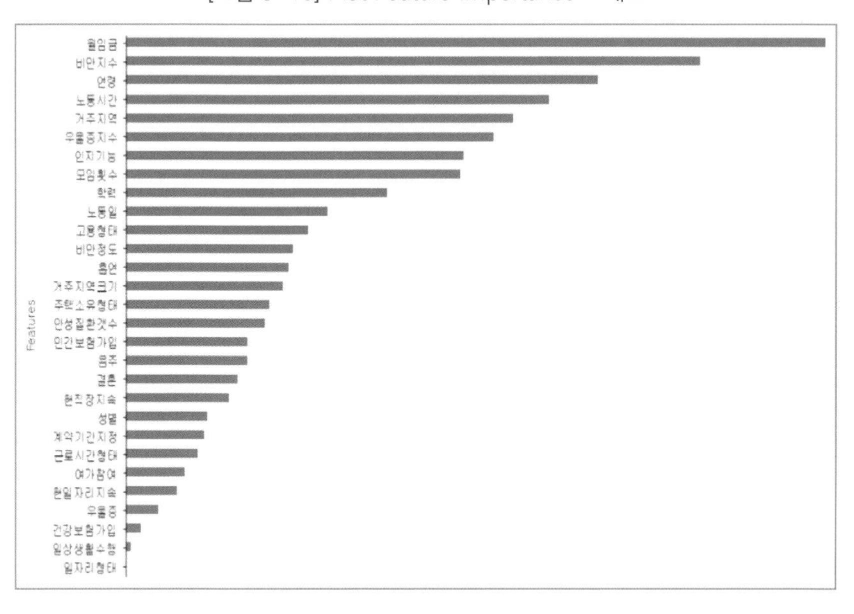

지금까지 모델 생성, 학습, 평가, 그리고 중요도 변수를 살펴 보았습니다. 모델의 예측도와 정밀도를 높이는 파라미터를 조정해 보겠습니다.

3-4.
어떻게 하면 알고리즘을 더 좋게 만들 수 있을까요?

파라미터(parameter)는 컴퓨터 프로그래밍 용어로 매개 변수입니다. 알고리즘은 실제 수많은 함수들로 이루어져 있습니다. 이 함수들은 데이터를 잘 예측하기 위한 확률을 계산하는 수학 공식입니다. 랜덤포레스트는 2개의 함수를 기본으로 확률을 계산합니다. 바구니에 가장 적은 양의 정보를 담을 수 있는 확률을 다음과 같은 함수로 계산합니다.

1) $$Ent(D) = -\sum_{k=1}^{|Y|} p_k \cdot \log_2 p_k$$

2) $$Gain(D,a) = Ent(D) - \sum_{v=1}^{V} \frac{|D^v|}{|D|} \cdot Ent(D^v)$$

처음에는 다소 어렵게 보이는 수학 공식이지만 알고 보면 아주 간단합니다. 생존 게임을 예로 들어 보겠습니다. '남는다' 바구니에 생존 구슬 9개, 사망 구슬 1개가 들어 있습니다. p_k는 생존과 사망 구슬의 비율입니다. 생존 구슬 비율은 $p_1 = \frac{9}{10}$, 사망 구슬 비율은 $p_2 = \frac{1}{10}$입니다. 이 비율을 1번 함수에 넣어 계산하면 이 바구니에 정보의 양이 얼마나 들어 있는지 계산할 수 있습니다.

근데 파라미터는 왜 필요한 걸까요? 컴퓨터가 위의 2)번 함수를 계산하기 위해서는 인간이 정의한 숫자가 필요합니다. 2)번 함수에서는 V입니다. V는 분류 기준을 몇 개까지 할 것인가입니다. 만약 이것을 정의하지 않으면 어떤 일이 발생할까요? 컴퓨터는 더 이상 분류할 수 없을 때까지 계산하게 됩니다. 지나치게 세분화하여 과적합 문제가 발생합니다. 물론 이 숫자를 정의하지 않는다고 계산을 못하는 것은 아닙니다. 기본적으로 이 알고리즘을 개발한 전문가들이 이 숫자를 디폴트로 정의해 두었습니다. 하지만 전문가들이 정의한 숫자들이 나의 데이터에 잘 맞을까요? 그렇지 않을 가능성이 높습니다. 그렇기 때문에 데이터의 특성에 따라 이 숫자 값을 정의해서 컴퓨터에게 알려 주어야 합니다. 아쉽게도 한 번에 이 값을 알 수는 없기 때문에 수십 번 이상 이 값을 바꾸어 가면서 결과를 확인해야 합니다. 흔히 이 과정을 예술의 영역이라고도 합니다. 이 값을 계산해 주는 알고리즘도 있지만, 여전히 인간의 영역을 벗어날 수는 없는 것 같습니다. 데이터의 특성에 따라 우리가 컴퓨터에게 정의해 주어야 하는 여러 가지 숫자와 기능 등을 파라미터로 보시면 됩니다.

랜덤포레스트에는 총 18개의 파리미터들이 있습니다. 그중에서 가장 대표적이며 많이 활용되는 3가지를 소개하겠습니다. n_estimators, max_depth, min_samples_split입니다.

n_estimators(default =100)는 의사 결정 나무의 숫자입니다. 디폴트는 100이므로 100개의 의사 결정 나무를 사용한다는 의미입니다. 의사 결정 나무를 많이 사용할수록 더 좋은 결과를 기대할 수 있으나, 그 만큼 계산 속도가 느려질 수밖에 없습니다. 또 다른 측면에서 머신 러닝은 시간과의 싸움입니다. 만약 의사 결정 나무 100개와 1000개 간 결과에 큰 차이가 없는데 1000개일 때 더 많은 시간이 소요된다면, 100개를 사용하는 것이 더 효율적일 수 있습니다. 가장 효율적인 시간 안에 최대의 결과를 만들 수 있는 숫자를 발견하는 게 숙제일 것 같습니다.

두 번째는 max_depth(default =None)입니다. 디폴트는 None입니다. 이는 한 바구니에 같은 정보를 가진 구슬이 남을 때까지 분류하라는 의미입니다. '떠난다' 바구니에는 생존 구슬 4개, 사망 구슬 4개, 모른 구슬 2개가 들어 있습니다. 생존 구슬 4개, 사망 구슬 4개, 모름 구슬 2개가 각각 바구니에 담길 때까지 바구니를 분류하게 됩니다. 당연히 지나치게 세분화시켜 과적합 문제가 발생하게 됩니다.

마지막으로 min_samples_split(default =2)입니다. 디폴트는 2입니다. 한 바구니에 들어 있는 구슬의 총 개수가 2개가 될 때까지 분류를 하라는 의미입니다. 한 구니에 너무 적은 구슬이 담기게 되면 분류 기준이 지나치게 세분화되기 때문에 과적합 문제가 발생될 수 있습니다.

우리가 앞에서 정의한 'model'의 파라미터에는 이전에 지정한 값들, n_estimators(default =100), max_depth(default =None), min_samples_ split(default =2)이 담겨 있습니다. 파리미터를 조정하기 위해 새로운 모델을 생성, 학습, 시험, 평가하는 과정을 처음부터 다시 해야 합니다.

step 1. 새로운 모델 생성하기

① 비주얼 파이썬 파란색 창에서 'Classifier'를 클릭한다.

② 'model type'에서 'RandomForestClassifier'를 클릭한다.

③ 'N estimator'에 300을 입력한다.

④ 'Max depth'에 8을 입력한다.

⑤ 'Min samples split'에 10을 입력한다.

⑥ 'Allocate'에 model2를 기입한다.

⑦ 'Run'을 클릭한다.

[그림 3-17] 새로운 모델 생성하기

'model2'라는 새로운 모델에서 'N estimator'에 300, 'Max depth'에 8, 'Min samples split'에 10을 지정해 주었습니다. 이 파라미터는 컴퓨터에게 의사 결정 나무 300개를 사용하고, 최대 분류 기준은 8개이며, 한 바구니에 구슬을 8개 이상 담으라고 알려 준 것입니다. 이제 새로운 모델을 새롭게 학습시키겠습니다.

step 2. 모델 학습시키기

① 비주얼 파이썬 파란색 창에서 'Fit/Predict'를 클릭한다.

② 'Model'에서 왼쪽 박스의 'Classificaton'을 클릭한다.

③ 'Model'에서 'model2(RandomForestClassifier)'를 클릭한다.

④ 'Action'에서 'Fit'을 클릭한다

⑤ 'Option'에서 'X_train'과 'y_train'을 확인한다

⑥ 'Run'을 클릭한다.

[그림 3-18] 모델 학습시키기

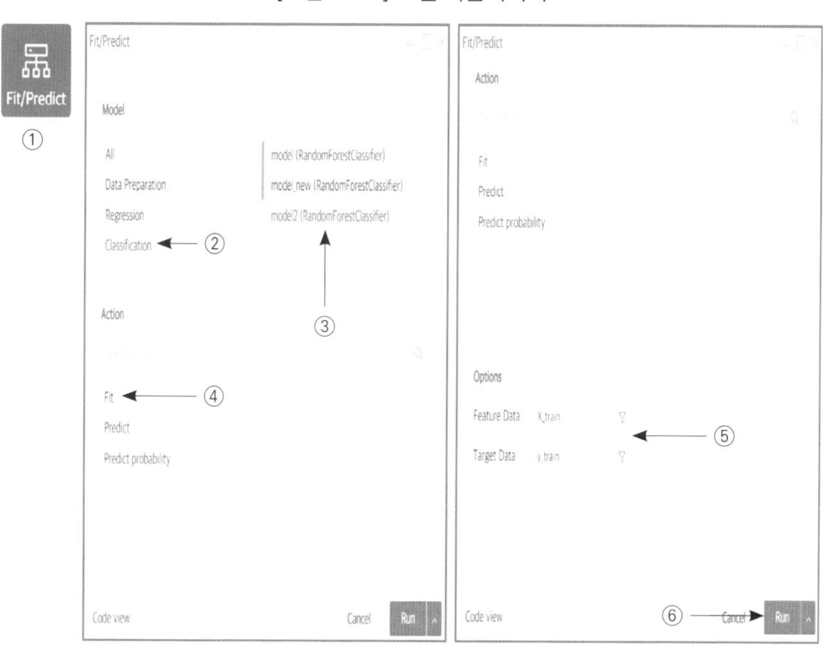

기억해야 할 점은 ③ 'Model'에서 오른쪽 박스에 2개의 모델을 확인할 수 있다는 것입니다. 'model'은 이전에 생성시킨 모델이고, 'model2'는 변경된 파라미터를 담고 있는 모델입니다. 'model2'를 선택해야 합니다. 만약 'model'을 선택하시면 새로 정의된 파라미터가 아닌 기존에 정의된 파라미터로 데이터를 다시 학습시키는 것입니다. 이제 새로운 모델을 시험하겠습니다.

step 3. 모델 시험하기

① 비주얼 파이썬 파란색 창에서 'Fit/Predict'를 클릭한다.
② 'Model'에서 왼쪽 박스의 'Classificaton'을 클릭한다.
③ 'Model'에서 'model2(RandomForestClassifier)'를 클릭한다.
④ 'Action'에서 'Predict'를 클릭한다.
⑤ 'Options'에서 'Allocate to'에 pred2를 기입한다.
⑥ 'Run'을 클릭한다.

[그림 3-19] 모델 시험하기

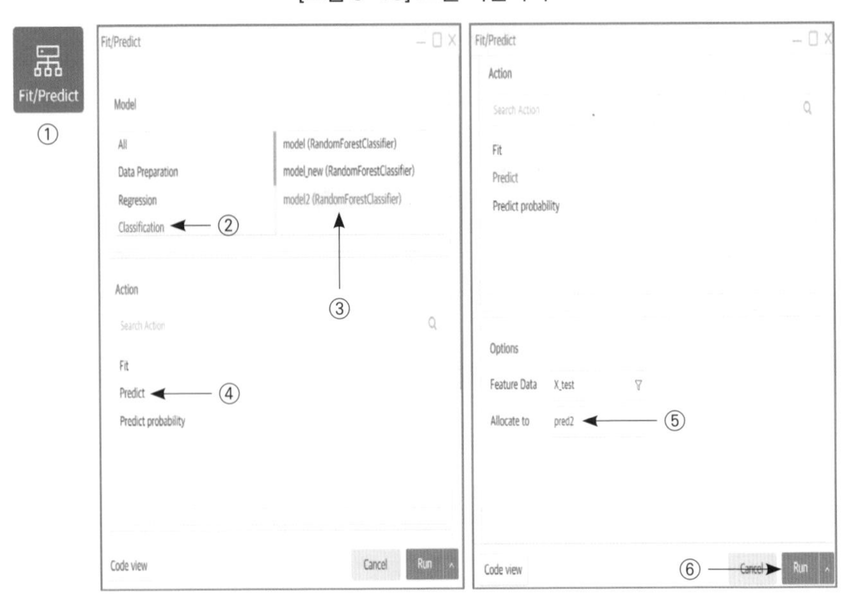

여기서 주의할 점은 컴퓨터가 제출한 답을 새로운 답안지에 작성하게 해야 합니다. 'pred2'는 새로운 모델 'model2'가 제출한 답을 새로운 답안지에 작성하게 하는 것입니다. 이제 새로운 답안지를 채점해 보도록 하겠습니다.

step 4. 모델 평가하기

① 비주얼 파이썬 파란색 창에서 'Evaluation'을 클릭한다.
② 'Model type'에서 왼쪽 박스의 'Classificaton'을 클릭한다.
③ 'Predict Data'에서 'pred2'를 선택한다.
④ 'Evaluation Metrics'에서 오른쪽 박스의 'Confusion Matrix', 'Accuracy', 'Precision'을 클릭한다.
⑤ 'Run'을 클릭한다.

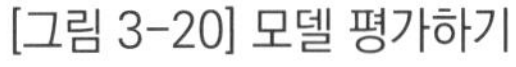

[그림 3-20] 모델 평가하기

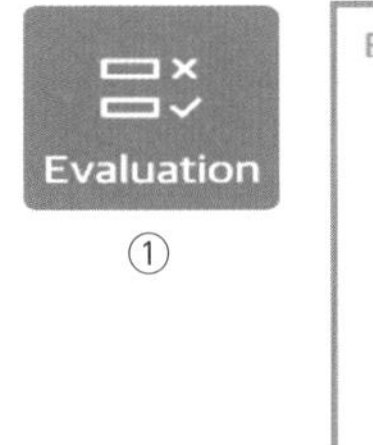

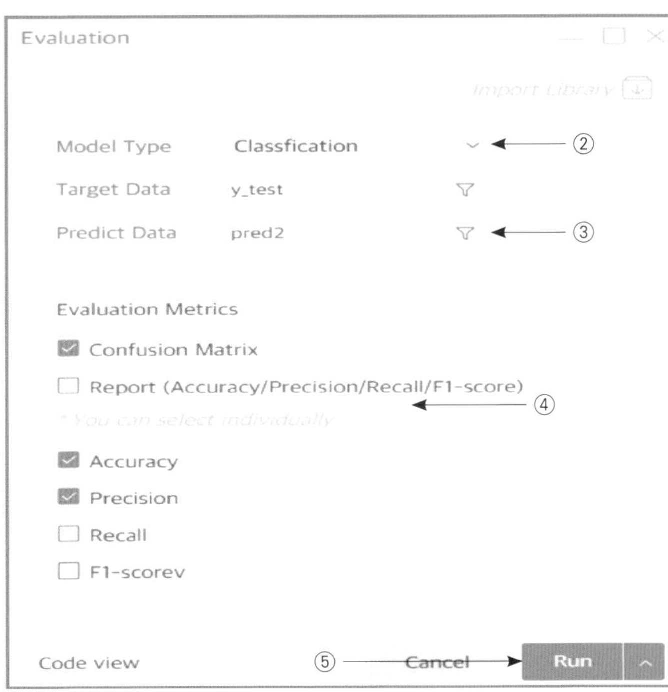

정확도 'Accuracy'와 정밀도 'Precision'을 비교해 보겠습니다. 정확도는 0.64에서 0.66으로, 정밀도는 0.643에서 0.657로 향상되었습니다. 대략적으로 정확도는 0.67~0.70, 정밀도는 0.64~0.68 범위 안에서 향상되었을 것입니다. 우리가 새롭게 학습시킨 'model2'는 새로운 데이터에서 10명 중 약 7명을 예측할 수 있습니다. 우리는 파라미터의 값을 바꾸면 알고리즘의 결과가 좋아진다는 것을 알게 되었습니다. 여기서 궁금한 것은 어떤 값이 알고리즘의 성능을 최대화시킬 수 있는 것인가입니다. 경우의 수는 엄청 많을 것입니다. 그래서 사이킷런은 알고리즘에 최적화된 파라미터 값을 계산해 주는 모듈을 제공해 주고 있습니다.

[그림 3-21] Accuracy와 Precision 결과

```
# Visual Python: Machine Learning > Evaluation
# Confusion Matrix
pd.crosstab(y_test, pred2, margins=True)
```

col_0	0	1	All
삶질만족_1			
0	181	46	227
1	90	83	173
All	271	129	400

```
# Visual Python: Machine Learning > Evaluation
# Accuracy
metrics.accuracy_score(y_test, pred2)
```

0.66

```
# Visual Python: Machine Learning > Evaluation
# Precision
metrics.precision_score(y_test, pred2, average='weighted')
```

0.6573065591121028

그것은 GridResearchCV입니다. 이 모듈은 인간이 반복적으로 파라미터 값을 계산해야 하는 수고를 덜고, 컴퓨터가 반복적으로 다양한 파라미터 값을 계산하여 가장 좋은 성능을 도출할 수 있는 값들을 알려 줍니다. 다만 편리하지만 시간이 오래 걸린다는 단점이 있어서 GridResearchCV를 많이 활용하는 편은 아닙니다.

비주얼 파이썬에서는 GridResearchCV 기능을 제공하지 않아 본 책에서는 다루지는 않습니다. 코드가 매우 쉽기 때문에 인터넷에서 검색하여 쉽게 따라 하실 수 있을 것입니다. 참고하시라고 간단하게 실행 코드를 알려 드립니다. 여기서 주의할 점은 컴퓨터가 제출한 답을 새로운 답안지에 작성하게 해야 합니다.

[그림 3-22] GridResearchCV 실행 코드

```
from sklearn.model_selection import GridSearchCV

params = {
            'n_estimators' : [100, 200, 300, 400, 500],
            'max_depth' : [4, 6, 8 , 10, 12, 14, 16],
            'min_samples_split' : [6, 8, 16, 20, 24]
      }

grid_cv = GridSearchCV(model, param_grid= params, cv = 5, n_jobs = -1)
grid_cv.fit(X_train, y_train)

print('최적 파라미터 :', grid_cv.best_params_)
print('최고 예측정확도 :', grid_cv.best_score_)
```

이제 마지막으로 노인의 삶의 질을 예측하는 데 가장 연관성이 있는 변수를 알아보는 Feature importance를 실행해 보겠습니다. 만약 그래프에서 오류가 발생한다면 한글 글자체를 설정하지 않았기 때문입니다. 녹색 창 'Chart Style'에서 'System font'를 'New Gulim'으로 설정하시기 바랍니다.

step 5. Plot Feature Importance 실행하기

① 비주얼 파이썬 파란색 창에서 'Model Info'를 클릭한다.

② 'Model'에서 왼쪽 박스의 'Classificaton'을 클릭한다.

③ 'Model'에서 오른쪽 박스의 'model2(RandomForestClassifier)'를 클릭한다.

④ 'Info'에서 'Plot feature importances'를 클릭한다.

⑤ 'Option'에서 'Top count'에 10을 기입한다.

⑥ 'Run'을 클릭한다.

[그림 3-23] Plot Feature Importance 실행하기

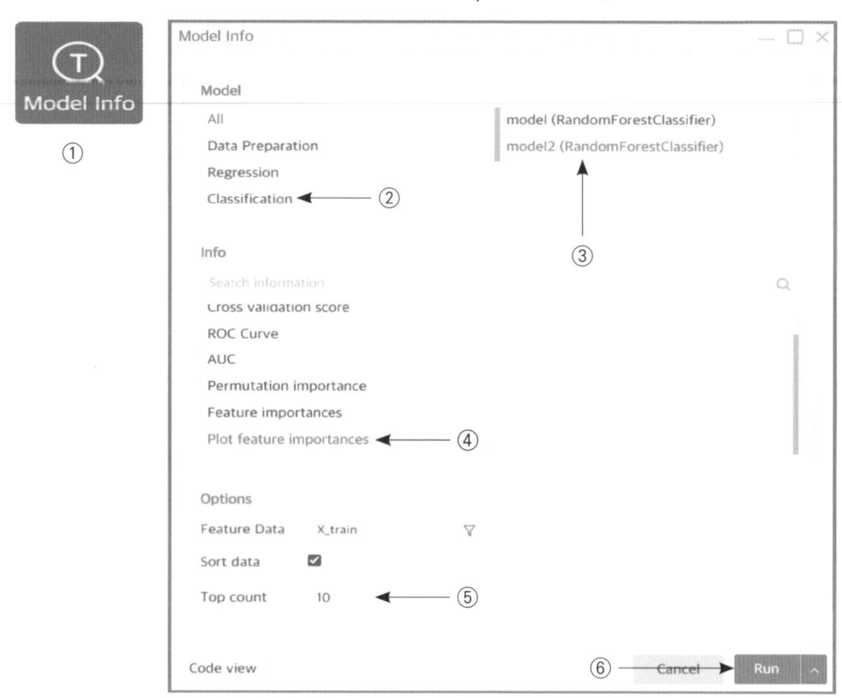

[그림 3-24] Plot Feature Importance 그래프

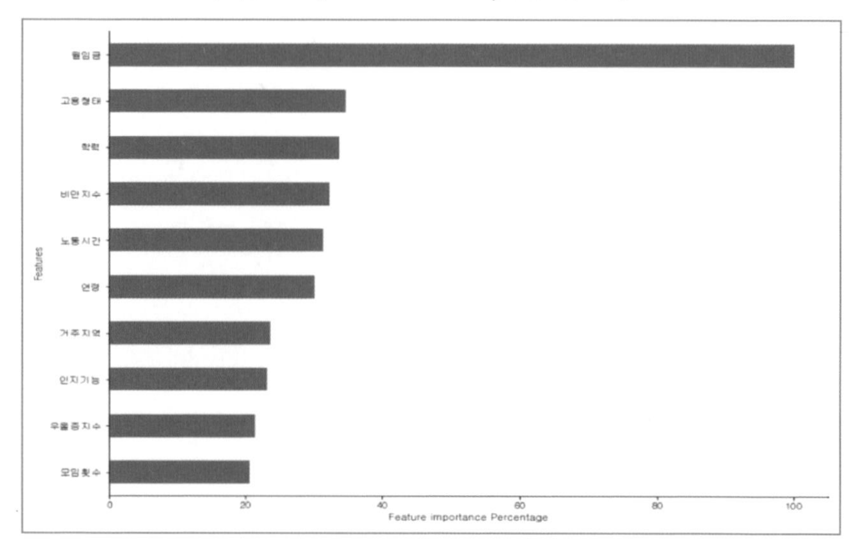

실행 방법은 이전에 실행하신 과정과 동일합니다. ⑤ 'Option'에서 'Top count'에 10을 지정해 주었습니다. 이것은 전체 상위 10개까지만 보여 달라는 기능입니다. 그래프를 보시면 '월임금', '고용형태', '학력'. '비만지수', '노동시간', '거주지역', '인지기능' 등이 노인의 삶을 예측하는 데 중요한 변수로 나타났습니다.

우리는 이 변수를 가지고 어떤 노인의 삶이 만족스러운지 예측할 수 있습니다. 이제 이 변수를 중심으로 우리가 해결해야 하는 문제가 무엇인지 알아보도록 하겠습니다.

Chapter 4.

노인들에게 어떤 일이 일어나고 있는 걸까요?

Chapter 4.

노인들에게 어떤 일이 일어나고 있는 걸까요?

10개의 변수를 통해 실제로 노인들의 삶에 어떤 일이 일어나고 있는지 예측할 수 있게 되었습니다. 이제 본격적으로 정책을 수립할 수 있는 준비가 되었습니다. 정책의 첫 번째 단계는 어떤 문제를 해결할 것인가를 찾는 것입니다. 흔히 '정책 문제 탐색 과정'이라고 합니다. 우리가 어떤 문제를 해결할 것인지 정의하기 전에 현상에 나타난 문제들을 파악하고 찾아보는 과정입니다. 이러한 탐색 과정을 통해 우리는 정책 문제의 방향을 정할 수 있습니다. 탐색 과정을 통해 정책 대상자에게 어떤 일이 발생하고 있는지 정확하게 파악하는 것이 중요합니다.

이번 장에서는 정책 대상자, 즉 노인들의 삶에 어떤 일이 발생하고 있는지에 대해서 분석해 보겠습니다. 그렇다면 노인들에게 어떤 일이 발생하고 있는지 어떻게 알 수 있을까요? 우리의 궁극적인 목표는 노인의 삶의 질을 높이는 방법을 모색하는 것입니다. 가장 쉬운 방법은 자신의 삶에 만족하고 있는 노인들과 그렇지 못한 노인들을 비교하는 것입니다. 즉 자신의 삶에 만족하고 있다는 집단(1)과 그렇지 않다고 여기는 집단(0)의 데이터를 비교·분석해 보는 것입니다. 이 비교 과정은 자연스럽게 우리가 해결해야 하는 문제와 목표를 정의하는 데 도움이 됩니다. 어떻게 하면 비교를 할 수 있을까요?

pandas는 데이터를 쉽게 분류하고 비교할 수 있는 다양한 함수를 제공합니다. 그 중 가장 대표적인 그룹바이(Group by), 쿼리(Query), 그리고 피벗 테이블(Pivot _table)로 손쉽게 비교·분석을 할 수 있습니다.

그럼 우선 그룹바이의 개념에 대해서 설명을 드리겠습니다. pandas에서 제공하는 그룹바이 pandas.groupby()는 기본적으로 내가 분류하고 싶은 변수를 기준으로 데이터를 그룹별로 분류하고, 이들의 통곗값을 계산해 주는 것입니다. 내부적으로는 3단계를 거쳐서 결괏값을 알려 줍니다. 우선 내가 지정한 특정 분류 기준에 따라 데이터를 그룹별로 나눕니다. 합계, 평균, 빈도수, 최댓값, 최솟값 등을 계산하는 함수를 분류된 그룹에 적용합니다. 각 그룹별로 통계 결과가 생성되면 이것을 그룹별로 합쳐서 우리에게 보여 줍니다.

[그림 4-1] 그룹바이 연산 과정

연령대	지역	거리
10대 a	유럽	10km
30대 a	아시아	20km
70대 a	북아메리카	17km
10대 b	유럽	11km
30대 b	아시아	21km
70대 b	북아메리카	16km
10대 c	유럽	12km
30대 c	아시아	22km
70대 c	북아메리카	15km

그룹바이 (Group by) 지역별

연령대	지역	거리
10대 a	유럽	10km
30대 b	유럽	21km
70대 c	유럽	15km

연령대	지역	거리
10대 b	아시아	11km
30대 a	아시아	20km
70대 b	아시아	16km

연령대	지역	거리
10대 c	북아메리카	12km
30대 c	북아메리카	22km
70대 a	북아메리카	17km

지역별 평균 (mean)

지역	거리
유럽	15.3km
아시아	15.7km
북아메리카	17km

이것을 그림으로 설명해 보겠습니다. 사막에 불시착한 사람들은 10대 3명, 30대 3명, 70대 3명입니다. 이들은 각각 유럽, 아시아, 그리고 북아메리카에서 왔습니다. 그리고 이들이 하루에 걸을 수 있는 거리는 10~12km, 20~22km, 15~17km입니다. 우리가 궁금한 것은 지역별에 따른 아이, 청년, 노인들의 평균 거리입니다. 우선 그룹바이는 지역을 분류 기준으로 삼고, 이 기준에 따라 데이터를 분류하여 그룹을 나눕니다. 마지막으로 지역별로 평균 연산을 하게 됩니다.

그림처럼 유럽은 10대a 10km, 30대b 21km, 70대c 15km로, 아시아는 10대b 11km, 30대a 20km, 70대b 16km로, 북아메리카는 10대c 12km, 30대c 22km, 70대a 17km로 분류됩니다. 이제 각 그룹별 평균를 내게 됩니다. 유럽은 15.3km, 아시아 15.7km, 북아메리카 17km로 각 지역별 그룹의 평균값을 알려 줍니다. 그룹바이는 우리가 알고 싶은 변수를 기준으로 그룹의 데이터를 연산해 주는 아주 편리하고 유용한 기능입니다.

4-1.
거주 지역마다 삶의 질 만족 집단 간에는 어떤 차이가 있을까요?

2장에서 거주 지역마다 삶을 만족하는 집단과 만족하지 못하는 집단 간에 어떤 차이가 있는지 분석해 보겠습니다.

[그림 4-2] 파일 불러오기

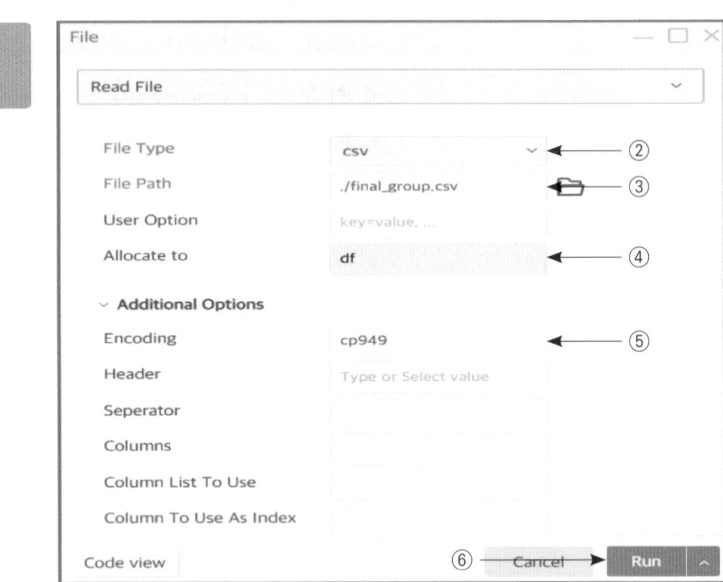

step 1. 파일 불러오기

① 비주얼 파이썬 오렌지색 창에서 'File'을 클릭한다.

② 'File Type'에서 'csv'를 선택한다.

③ 'File Path'에서 '폴더 그림'을 클릭한 후 파일을 저장한 경로를 찾아 'final_group'을 선택한다.

④ 'Allocate to'에 df를 기입한다

⑤ 'Additional Options'의 'Encoding'에서 'cp949'를 선택한다.

⑥ 'Run'을 클릭한다.

[그림 4-3] 그룹바이 실행하기

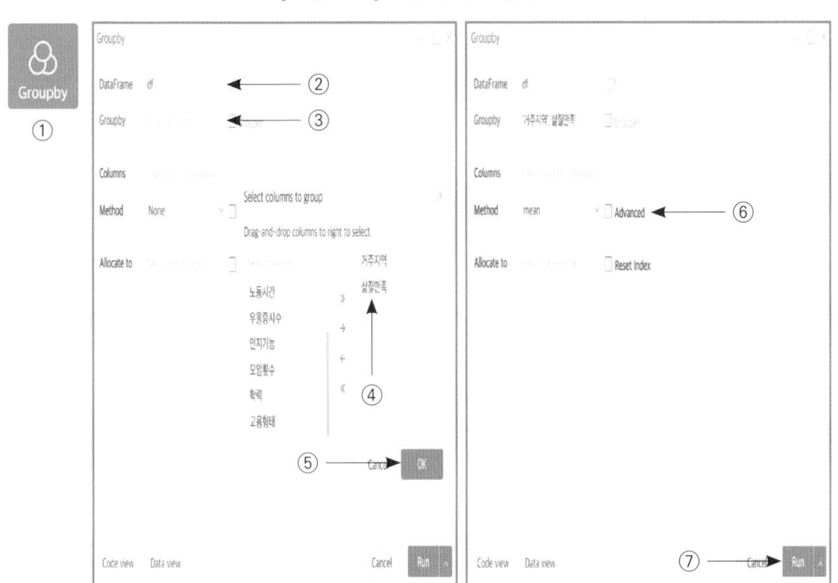

step 2. 그룹바이 실행하기

① 비주얼 파이썬 오렌지색 창에서 'Groupby'를 클릭한다.

② 'DataFrame'에서 'df'를 클릭한다.

③ 'Groupby'를 클릭한다.

④ 오른쪽 창에서 '거주지역'과 '삶질만족'을 클릭하여 오른쪽으로 이동한다.

⑤ 'OK'를 누른다.

⑥ 'Method'에서 'mean'을 클릭한다.

⑦ 'Run'을 클릭한다.

[그림 4-4] 그룹바이 실행 결과

```
# Visual Python: Data Analysis > Groupby
df.groupby(['거주지역','삶질만족']).mean()
```

거주지역	삶질만족	월임금	비만지수	연령	노동시간	우울증지수	인지기능
강원	0	130.805556	23.778993	57.472222	46.055556	1.747222	24.750000
	1	196.071429	23.904375	51.214286	44.500000	1.353571	26.928571
경기	0	140.662420	23.479344	54.312102	47.229299	1.417834	28.012739
	1	204.639456	23.291399	52.897959	44.340136	1.375510	28.530612
경남	0	133.943396	23.712547	53.018868	50.773585	1.469811	27.471698
	1	240.682927	23.338040	52.292683	41.975610	1.378049	28.073171
경북	0	156.750000	23.338254	55.025000	44.875000	1.237500	27.325000
	1	201.354167	23.167770	51.791667	48.395833	1.268750	28.083333
광주	0	124.111111	22.820207	53.722222	46.666667	1.658333	26.583333
	1	223.604167	23.748567	52.333333	47.041667	1.456250	29.000000
대구	0	127.509434	23.005329	53.433962	49.075472	1.369811	27.962264
	1	211.742857	23.020410	54.771429	46.085714	1.288571	28.571429
대전	0	162.500000	23.151569	51.261905	50.666667	1.295238	27.309524
	1	259.833333	23.698508	52.666667	45.916667	1.295833	28.750000
부산	0	130.821429	23.279058	55.035714	47.202381	1.505952	26.714286
	1	181.433333	23.468617	53.716667	50.183333	1.328333	28.150000
서울	0	131.605882	23.128603	55.800000	49.405882	1.318235	28.370588
	1	243.578947	23.818640	53.347368	46.021053	1.276842	28.957895
울산	0	153.058824	22.930906	50.352941	48.911765	1.473529	27.794118
	1	288.243243	23.750212	52.216216	49.054054	1.302703	28.513514
인천	0	99.600000	23.383537	54.766667	43.333333	1.693333	27.000000
	1	158.142857	23.549594	55.244898	47.163265	1.681633	27.755102
전남	0	133.568182	23.686017	52.795455	45.318182	1.459091	26.318182

결과를 보시면 거주 지역에 따라 1(만족하는 집단)과 0(만족하지 못하는 집단) 간에 월 임금, 비만 지수, 우울증 지수 등이 요약해서 나타나 있습니다. 기본적으로 그룹바이는 그룹의 통곗값을 연산하는 함수이므로 연속형 데이터, 즉 숫자로 된 데이터만을 계산해 보여 줍니다. '월임금' 항목을 보시면 만족하는 집단과 만족하지 못하는 집단 간 임금 차이가 큰 지역도 있고, 비슷한 지역도 있습니다. 월 임금 차이가 가장 큰 지역은 울산이고, 가장 작은 지역은 전남입니다. 데이터를 보시면서 다소 불편하다는 생각이 들었을 것입니다.

4-2.
거주 지역마다 삶의 질 만족 집단 간 월 임금에는 어떤 차이가 있을까요?

데이터를 시각화한다는 것은 매우 중요한 과정입니다. 데이터를 시각화한다는 것은 두 가지 중요한 측면이 있습니다. 우선 데이터에 대한 이해력을 높이는 것입니다. 데이터를 한눈에 파악해서 이해할 수 있습니다. 전반적인 조망을 통해 데이터의 전반적 구조, 차이, 그리고 방향성 등을 알 수 있습니다. 그리고 상대방을 효과적으로 이해시키고 설득시킬 수 있습니다. MIT 연구에 따르면 인간의 두뇌는 문자보다 시각을 6만 배 더 빠르게 처리한다고 합니다(news.mit.edu/2014/in-the-blink-of-an-eye-0116). 문자보다 시각화가 상대방을 이해시키는 데 있어 6만 배까지는 아니더라도 그만큼 더 효과적이라는 것을 알 수 있습니다.

그럼 그룹바이한 결과를 그래프로 시각화해 보겠습니다. 그룹바이한 결과를 시각화하기 위해서는 데이터를 시각화할 수 있는 형태로 바꾸어 줘야 합니다.

step 1. 그룹바이 실행하기

① 비주얼 파이썬 오렌지색 창에서 'Groupby'를 클릭한다.
② 'DataFrame'에서 'df'를 클릭한다.
③ 'Groupby'에서 '거주지역'과 '삶질만족'을 클릭하여 오른쪽으로 이동하고, 'OK'를 클릭한다.
④ 'Method'에서 'mean'을 클릭한다.
⑤ 'Allocate to'에 area를 입력하고, 'Reset Index' 박스를 체크한다.
⑥ 'Data view'를 클릭해서 데이터를 확인한다.
⑦ 'Run'을 클릭한다.

[그림 4-5] 그룹바이 실행하기

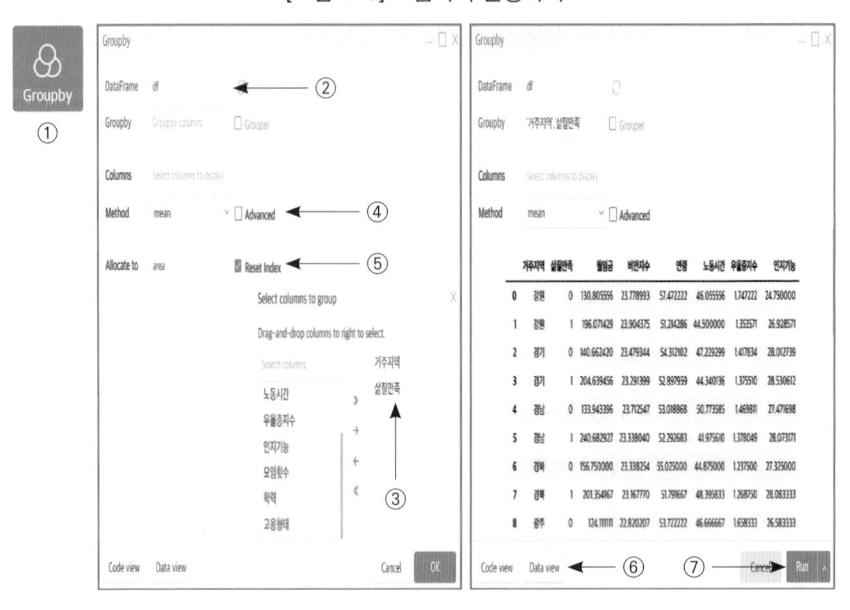

여기서 한 가지 기억해야 할 부분이 있습니다. ⑤ 'Allocate to'에 'area'를 입력하는 이유는 그룹바이 실행 결과를 'area' 메모리에 할당하는 것입니다. 이것은 그룹바이의 결과를 'area'의 파일에 저장하는 것입니다. 만약 메모리에 할당하지 않으면, 컴퓨터는 우리가 계산한 결과를 다시 보여 주지 않습니다. 그리고 'Reset Index'는 멀티인덱스를 제거하거나 1차원으로 줄이는 기능입니다. 앞의 결과를 보시면 표는 2개의 인덱스, '거주지역'과 '삶질만족'을 가지고 있습니다. 그래프로 나타내기 위해서는 인덱스를 1개로 줄이거나 '거주지역'의 인덱스를 1차원으로 바꿔 주어야 합니다. ⑥'Data view'는 미리 보기 기능입니다. 우리가 원하는 결과의 형태로 생성되는지 확인할 수 있습니다. 앞의 표와 다르게 바뀐 것을 알 수 있습니다. '거주지역'에 따라 삶을 만족하는 집단과 그렇지 못한 집단 간 월 임금 차이를 그래프로 나타내 보겠습니다.

우선 데이터를 그래프로 시각화하기 위해서는 Import를 실행해서 'seaborn' 모듈을 불러와야 합니다.

step 1. Import 실행하여 'seaborn' 불러오기

① 비주얼 파이썬 오렌지색 창에서 'Import'를 클릭한다.

② 'seaborn' 체크 박스를 확인하고, 'Run'을 클릭한다.

[그림 4-6] 'seaborn' 불러오기

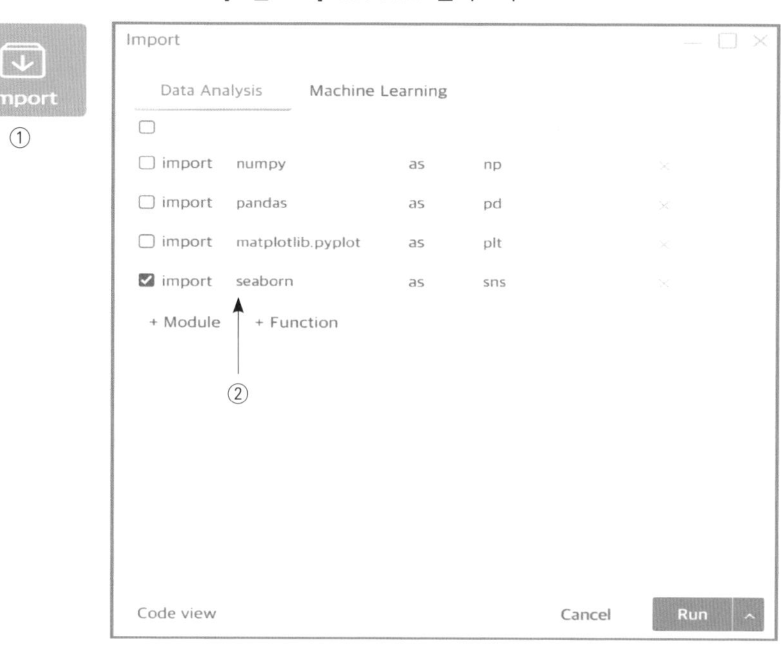

step 2. 그래프로 시각화하기

① 비주얼 파이썬 녹색 창에서 'Seaborn'을 클릭한다.

② 'Setting'을 클릭해서 'Figure size'은 14, 10으로, 'System font'는 'New Gulim'으로 지정한 후 'Run'을 클릭한다.

③ 'Chart Type'에서 'barplot'을 선택한다.

④ 'Data'에서 'area'를 클릭한다.

⑤ 'X-axis Value'에서 '거주지역'을, 'Y-axis Value'에서 '월임금'을 선택한다.

⑥ 'Hue'에서 '삶질만족'을 클릭한다.

⑦ 오른쪽 상단에 'Sampling' 표시를 해제한다.

⑧ 'Run'을 클릭한다.

[그림 4-7] 그래프로 시각화하기

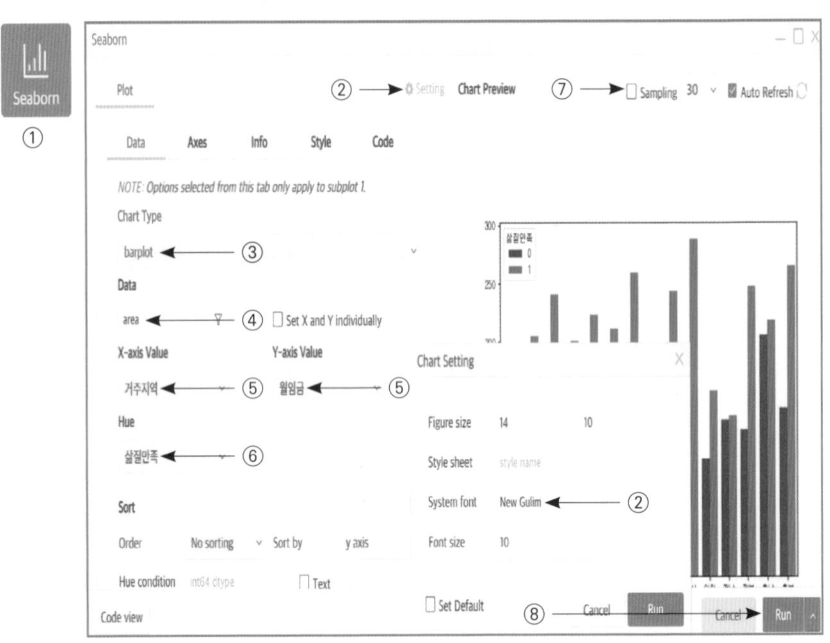

② 'Setting'에서 'Figure size' 그래프의 크기를 설정하는 것입니다. 그리고 'System font'에서 'New Gulim'을 지정해 주지 않으면, 그래프 X축과 Y축에 한글이 표시되지 않아 오류가 발생합니다. 파이썬에서 한글이 포함된 데이터를 시각화하기 위해서는 항상 글자체를 설정해야 합니다.

데이터를 시각화하기 위해서는 3가지를 결정해야 합니다. 우선 어떤 형태의 그래프를 사용할 것인가, X축과 Y축을 무엇으로 정의할 것인가, 그리고 마지막으로 무엇을 비교하고 싶은지를 결정해야 합니다. 이것이 정의되지 않으면 컴퓨터는 우리가 원하는 데이터를 시각화하지 못합니다. 월 임금은 비율형에 속합니다. 비율형은 숫자 간에 차이도 있고, 비율에도 의미가 있는 것을 말합니다. 따라서 막대 그래프(bar graph), 원 그래프(pie grahp) 등 비교를 할 수 있는 그래프를 사용해야 합니다. 어떤 그래프를 사용할지 정했으면 X축과 Y축을 정의해야 합니다. 이것은 우리가 정의한 질문과 밀접한 관련이 있습니다.

우리의 질문은 '거주 지역마다 삶의 질 만족 집단 간 월 임금에는 어떤 차이가 있을까요?'입니다. '거주지역'이 X축, '월임금'이 Y축이 되고 마지막으로 '삶질만족 집단 간'이 Hue가 됩니다. 결국 시각화를 잘하기 위해서는 데이터의 형태를 정확하게 알고 질문이 명확해야 합니다. 그룹바이에 의한 표와 그래프를 비교해 보면 어떠세요? 시각화된 그래프가 훨씬 이해하기 편하시다는 걸 느끼실 것입니다.

시각화에 대한 옵션 기능을 추가적으로 알려 드리겠습니다. 막대 그래프 위에 숫자를 표현하면 그래프를 이해하는 데 훨씬 도움이 될 것입니다. 앞의 step2에서 ①~⑦까지 실행하시기 바랍니다.

[그림 4-8] 막대 그래프에 숫자 표시하기

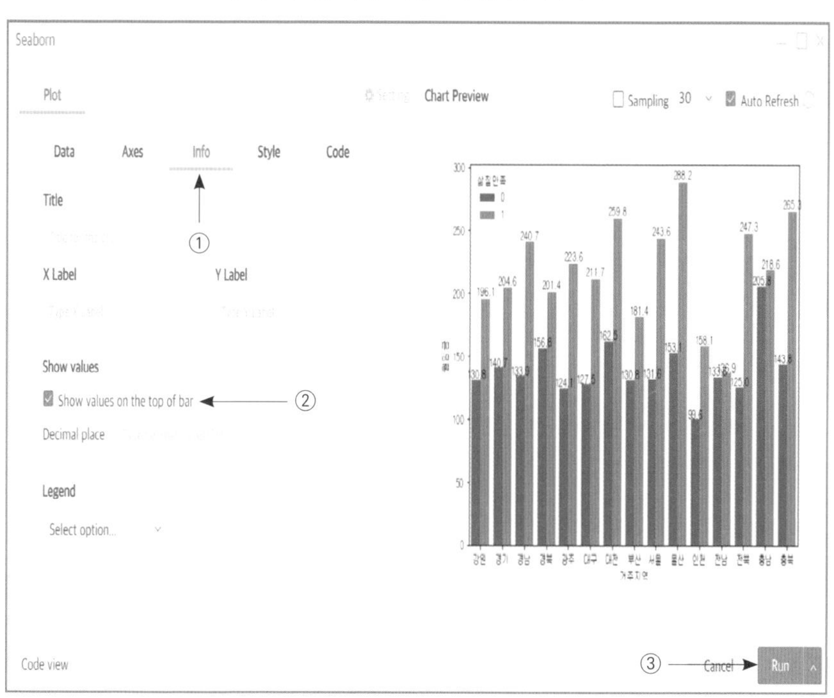

step 3. 막대 그래프에 숫자표시하기

① 'Info'를 클릭한다.

② 'Show values on the top of bar' 박스를 체그한다.

③ 미리 보기 결과를 확인하고, 'Run'을 클릭한다.

[그림 4-9] 막대 그래프 결과

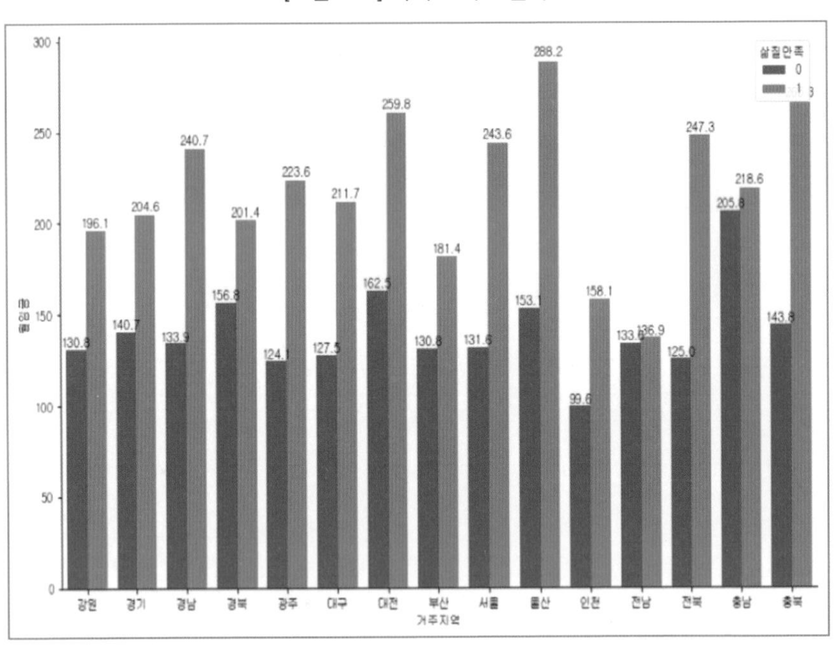

그래프를 통해 거주 지역에 따라 집단 간 월 임금의 차이가 다르다는 것을 알 수 있습니다. 가장 큰 차이가 나는 지역은 울산과 충북이고, 차이가 가장 적은 지역은 전남과 충남입니다. 참고로 막대 그래프에 숫자를 표시하는 기능은 seaborn v.0.12(최신 버전) 이상에서만 가능합니다. 만약 오류가 발생한다면 셀 창에 '!pip install seaborn --upgrade'를 입력하고 실행합니다

특정 지역에 대한 차이를 분석하기 전에 우선 전체 평균을 살펴보겠습니다.

[그림 4-10] 그룹바이 실행하기

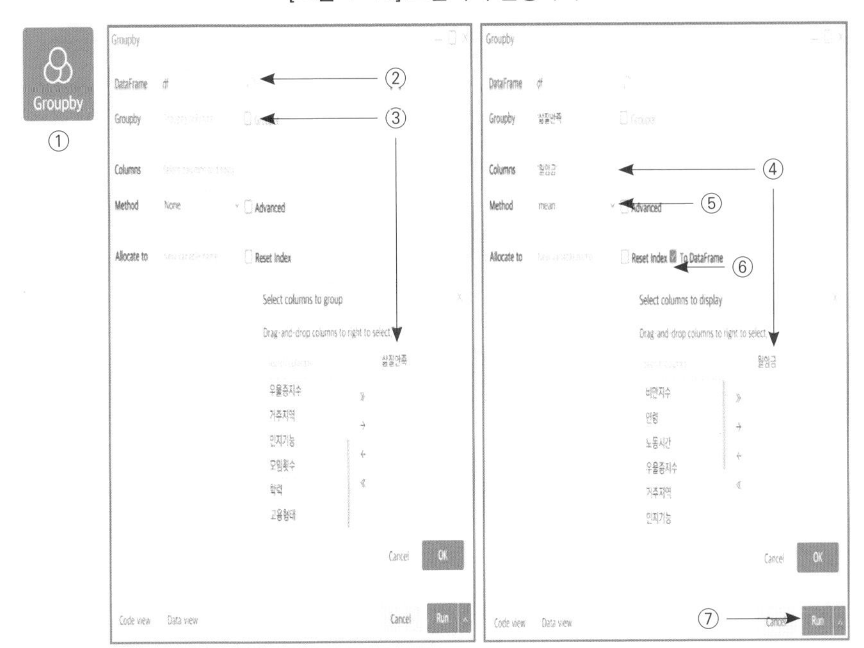

step 1. 그룹바이 실행하기

① 비주얼 파이썬 오렌지색 창에서 'Groupby'를 클릭한다.

② 'DataFrame'에서 'df'를 선택한다.

③ 'Groupby'에서 '삶질만족'을 오른쪽 박스로 이동하고, 'OK'를 클릭한다.

④ 'Columns'에서 '월임금'을 오른쪽 박스로 이동하고, 'OK'를 클릭한다.

⑤ 'Method'에서 'mean'을 클릭한다.

⑥ 'Allocate to'에서 'To DataFrame' 박스를 체크한다.

⑦ 'Run'을 클릭한다.

삶에 만족하는 집단(1)의 월 임금 평균은 약 216만 원, 그렇지 않은 집단(0)의 평균은 136만 원입니다. 약 80만 원의 차이가 나는 것을 알 수 있습니다.

[그림 4-10] 그룹바이 실행하기

```
# Visual Python: Data Analysis > Groupby
df.groupby('삶질만족')[['월임금']].moan()
```

	월임금
삶질만족	
0	136.629548
1	216.250000

하지만 두 집단 간 평균 차이가 의미가 있는 것일까요? 우리는 흔히 집단 간 평균이 다르면 차이가 있다고 여기는 경향이 있습니다. 그러나 데이터의 분포도에 따라 평균은 같지만 분포는 다르거나, 평균은 다르지만 분포가 유사한 경우가 있을 수 있습니다. 따라서 집단 간 평균의 차이를 비교하기 위해서는 이들 간 분포를 비교할 수 있는 박스플롯(boxplot)을 확인하는 것이 좋습니다.

step 1. 박스플롯 실행하기

① 비주얼 파이썬 녹색 창에서 'Seaborn'을 클릭한다.

② 'Chart Type'에서 'boxplot'을 선택한다.

③ 'data'에서 'df'를 선택한다.

④ 'X-axis value'에서 '삶질만족', 'Y-axis value'에서 '월임금'을 선택한다.

⑤ 오른쪽 상단에서 'Sampling' 체크 박스를 해제한다.

⑥ 'Run'을 클릭한다.

[그림 4-12] 박스플롯 실행하기

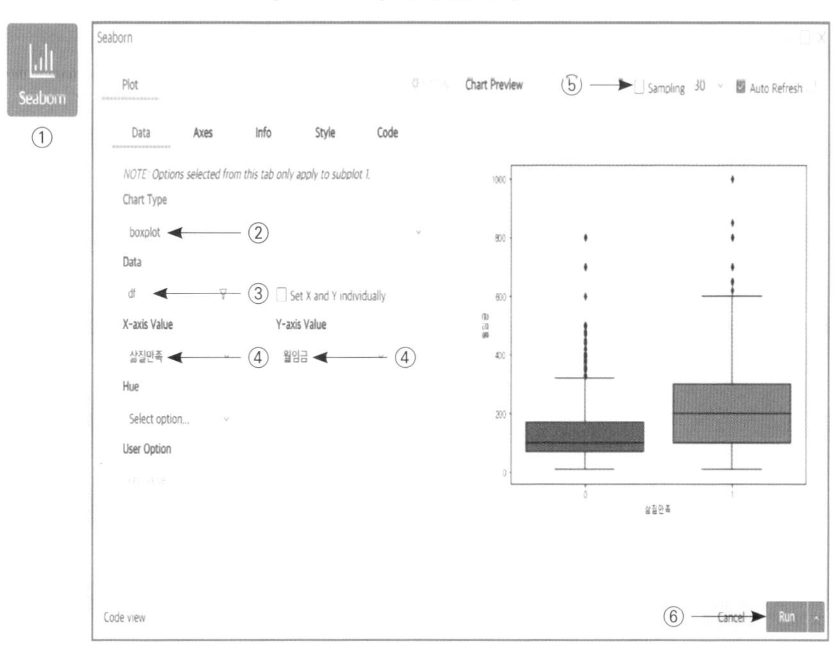

박스플롯(boxplot) 그래프를 해석하는 것은 아주 간단합니다. 가장 아래에 있는 선은 최솟값, 중앙에 있는 선은 중앙값, 그리고 가장 위에 있는 선은 최댓값입니다. 박스는 중앙값에서 위와 아래로 각각 25%씩 분포된 정도입니다. 박스는 전체 데이터의 50%를 나타냅니다. 우선 중앙값이 서로 차이가 나는지 확인해야 합니다. 그래프를 보시면 두 집단 간 중앙값이 서로 다른 위치에 분포해 있습니다. 특히 파란색(0)의 중앙값(50%)이 오렌지색(1)의 박스 하단 25%에 위치에 있으므로 두 집단 간에 분포 차이가 있다는 것을 알 수 있습니다. 전체 지역 간 차이가 서로 의미가 있는지 박스플롯으로 확인하겠습니다.

step 2. 박스플롯 실행하기

① 비주얼 파이썬 녹색창에서 'Seaborn'을 클릭한다.

② 'Chart Type'에서 'boxplot'을 선택한다.

③ 'data'에서 'df'를 선택한다.

④ 'X-axis value'에서 '거주지역', 'Y-axis value'에서 '월임금'을 선택한다.

⑤ 'Hue'에서 '삶질만족'을 선택한다.

⑥ 오른쪽 상단에서 'Sampling' 체크 박스를 해제한다.

⑦ 'Run'을 클릭한다.

[그림 4-13] 박스플롯 실행하기

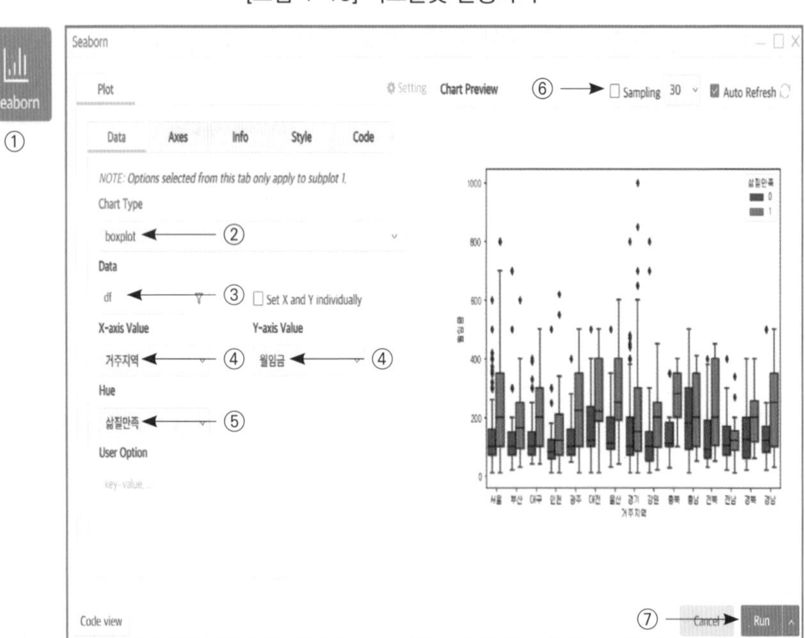

그래프를 보시면 지역별 삶에 만족하는 집단과 그렇지 못한 집단 간 데이터의 분포가 서로 다르다는 것을 확인할 수 있습니다. 한 가지 특이한 점은 충북 지역은 그 차이가 매우 크다는 것을 알 수 있습니다. 파란색(0)의 최댓값이 노란색(1)의 하위 25%에 속하므로 다른 지역에 비해 임금 격차가 매우 심하다는 것을 알 수 있습니다.

[그림 4-14] 지역별 박스플롯

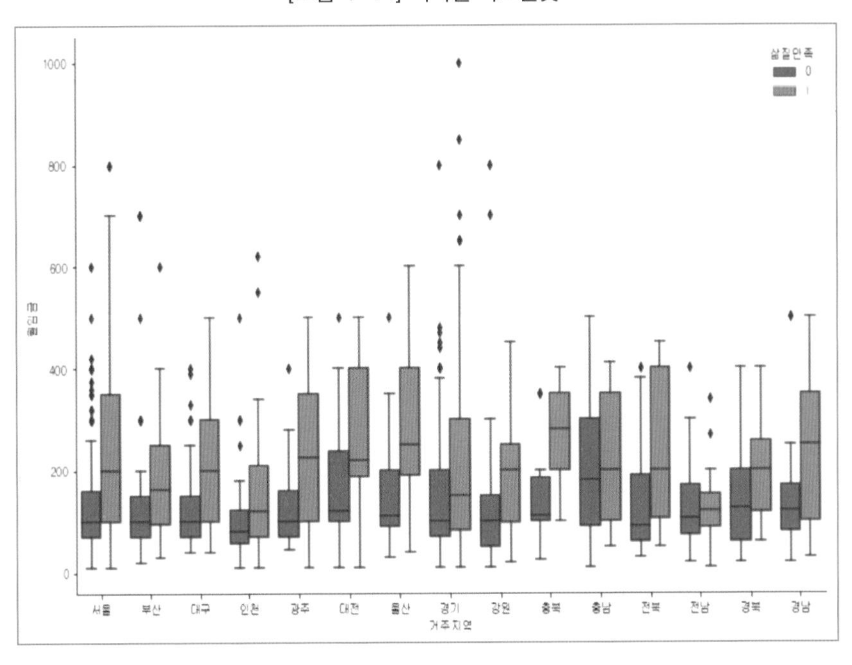

시각화를 통해서 지역 간 편차를 확인할 수 있었으며, 정책적으로 충북 지역의 노인들의 삶을 우선직으로 살펴보아야 한다는 것을 발견하였습니다. 그룹바이를 활용한 시각화 분석을 통해 2가지 의미를 도출하였습니다. 노인들이 자신의 삶에 만족하는 집단이 그렇지 못하는 집단에 비해 임금을 약 80만 원 이상 더 받고 있으며, 지역에 따라 그 차이가 매우 다르다는 것입니다. 또한 특정 지역은 그 차이가 매우 심하다는 것입니다. 이제 주요 도시에서 집단 간에 어떠한 차이가 있는지 살펴보겠습니다.

4-3.
주요 도시(경기, 서울, 부산, 인천)의 삶의 질 만족 집단 간 월 임금의 차이는 얼마나 될까?

시민들의 가치와 욕구가 다양해짐에 따라 이들의 다양한 가치와 욕구를 충족시키기 위한 고도화된 맞춤형 정책이 필요해 지고 있습니다. 노인들의 삶의 만족도는 이들이 거주하는 지역에 따라 다르므로 우선적으로 지원해야 하는 정책도 다양하게 마련되어야 할 것입니다. 지역에 따른 특성들을 분석해 보겠습니다. 우선 지역별 데이터 건수를 살펴보도록 하겠습니다. 데이터 특정 열의 행 개수를 세어 주는 pandas.value_counts()를 실행해 보겠습니다. 참고로 value_counts()는 행에 있는 결측치(NaN)를 제외한 합계입니다.

step 1. 데이터 건수 파악하기

① 비주얼 파이썬 오렌지색 창에서 'Instance'를 클릭한다.
② 'Target variable'에서 'df'를 선택한다.
③ 'Target variable'에서 깔때기 모양을 클릭한다.
④ 새로운 창이 나타나면 'Search columns'에서 '거주지역'을 클릭하고 화살표를 눌러서 오른쪽 박스로 옮긴다.
⑤ 'OK' 버튼을 누른다.
⑥ 'Method'에서 'value_counts'를 찾아 클릭한다.
⑦ 'Run'을 클릭한다.

전체 데이터에서 경기, 서울, 부산, 인천이 가장 많은 비율을 차지하고 있는 것으로 나타났습니다. 이것을 그래프로 시각화하겠습니다.

[그림 4-15] 데이터 건수 파악하기

[그림 4-16] value_counts() 실행 결과

```
# Visual Python: Data Analysis > Instance
df['거주지역'].value_counts()

경기    304
서울    265
부산    144
인천    109
경남     94
대구     88
경북     88
광주     84
울산     71
전북     71
대전     66
강원     64
전남     60
충남     54
충북     37
Name: 거주지역, dtype: int64
```

step 2. 데이터 건수 그래프 그리기

① 비주얼 파이썬 오렌지색 창에서 'Instance'를 클릭한다.

② 'Target variable'에서 'df'를 선택한다.

③ 'Target variable'에서 깔때기 모양을 클릭한다.

④ 새로운 창이 나타나면 'Search columns'에서 '거주지역'을 클릭하고 화살표를 눌러서 오른쪽 박스로 옮긴다.

⑤ 'OK' 버튼을 누른다.

⑥ 'Method'에서 'value_counts'를 찾아 클릭한다.

⑦ 창이 바뀌면 'Method'에서 'plot'을 찾아 클릭한다.

⑧ 'input parameter'에 kind = 'bar'를 기입한다.

⑨ 상단에서 'df['거주지역'].value_counts().plot(kind = 'bar')' 코드를 확인한다.

⑩ 'Run'을 클릭한다.

[그림 4-17] 데이터 건수 그래프 그리기 ①~⑥

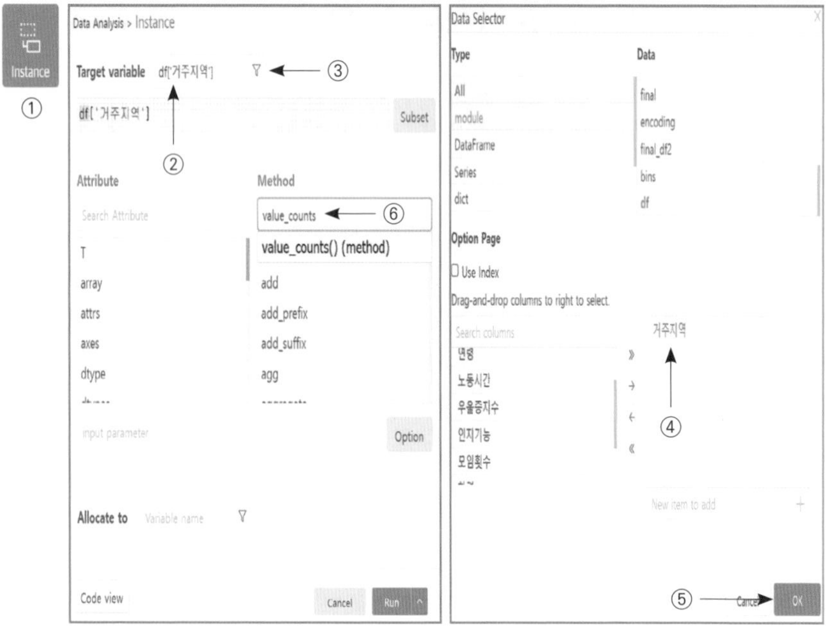

[그림 4-18] 데이터 건수 그래프 그리기 ⑦~⑩

⑧ 'input parameter'에 'kind='bar''를 작성하면, 'plot(kind ='bar')'으로 변환되는 것을 알 수 있습니다. 이것은 value_count()의 값을 막대 그래프로 바꾸라고 지시하는 것입니다. ⑧을 생략하고 ⑩ 'Run'을 실행해도 선 그래프로 나타냅니다. 하지만 막대 그래프가 선 그래프보다 이해하기 좋은 것 같습니다.

전체 데이터에서 가장 높은 비율을 차지하고 있는 경기, 서울, 부산, 인천 지역을 중심으로 월 임금 간 어떤 차이가 있는지 살펴보겠습니다.

[그림 4-16] value_counts() 실행 결과

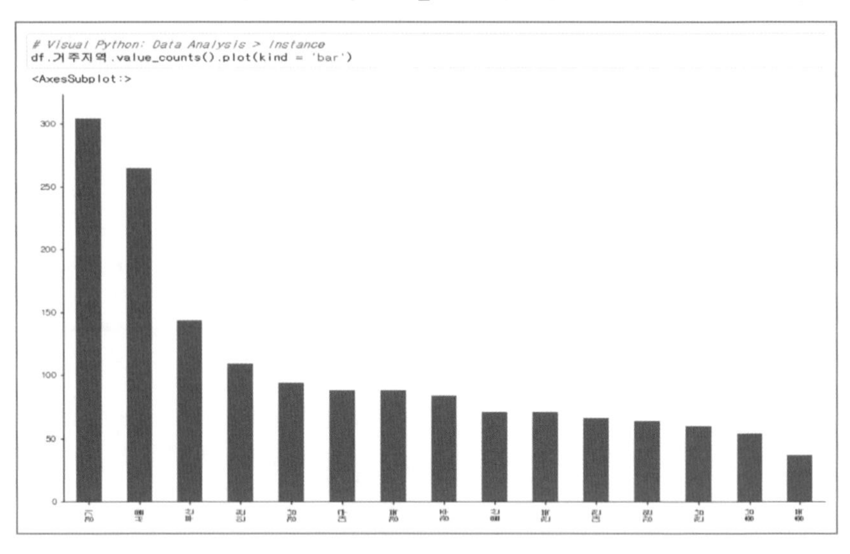

여기서 두 번째 쿼리(Query)에 대해서 알아보겠습니다. 우리는 전체 데이터에서 경기, 서울, 부산, 인천 지역만 선택해서 데이터를 추출해야 합니다. pandas.query()는 데이터를 추출하는 데 있어 아주 강력한 함수를 제공합니다. 매우 편리하게 필요한 데이터를 추출할 수 있습니다. pandas.query()는 숫자, 문자, 논리, 인덱스 등 모든 조건의 기능을 수행할 수 있습니다. 여기서 중요한 것은 우리가 필요로 하는 데이터의 조건을 정확하게 정의해야 합니다. 우리가 필요한 데이터는 경기, 서울, 부산, 인천 지역에 거주하는 노인들의 '월임금'과 '삶질만족'입니다. 이것을 컴퓨터가 이해할 수 있도록 재정의해 주어야 합니다. 여기서 기억해야 할 것은 pandas.query()는 행을 기준으로 데이터를 추출해 주는 함수입니다. 우리가 지정한 행에 있는 모든 열의 데이터를 불러 준다는 것입니다. 예를 들어 df.query('거주지역' == '서울')라고 실행하면 '거주지역' 열에 있는 '서울' 행의 '월임금', '비만지수', '연령', '노동시간', '인지기능' 등 모든 데이터를 추출합니다.

이제 우리는 '거주지역' 열에서 '경기', '서울', '부산', '인천' 만이 포함된 행만을 추출하겠습니다.

step 1. '거주지역' 열에 있는 '경기', '서울', '부산', '인천' 행 데이터 가져오기

① 비주얼 파이썬 오렌지색 창에서 'Subset'를 클릭한다.

② 'DataFrame'에서 'df'를 선택한다.

③ 'Method'에서 'query'를 선택한다.

④ 'Row subset'에서 '+Condition'을 클릭한다.

⑤ 'Index'에서 '거주지역'을 선택한다.

⑥ 'Categorical dtype'에서 '경기'를 선택한다.

⑦ '거주지역'과 '경기' 가운데 박스를 클릭해서 '=='를 선택한다.

⑧ 아래 '+Condition'을 클릭한다.

⑨ '거주지역' 박스 아래에 있는 'and'를 'or'로 변경한다.

⑩ 'Index'에서 '거주지역'을 선택, 'Categorical dtype'에서 '서울'을 선택, 중간 박스에서 '=='를 선택한다.

⑪ 다시 아래 '+Condition'을 클릭한다.

⑫ '거주지역' 박스 아래에 있는 'and'를 'or'로 변경한 후 'Index'에서 '거주지역'과 'Categorical dtype'에서 '부산'을 선택, 중간 박스에서 '=='를 선택한다.

⑬ 다시 아래 '+Condition'을 클릭한다.

⑭ '거주지역' 박스 아래에 있는 'and'를 'or'로 변경한 후 'Index'에서 '거주지역'과 'Categorical dtype'에서 '인천'을 선택, 중간 박스에서 '=='를 선택한다.

⑮ 왼쪽 하단의 'Data view'를 클릭해서 데이터를 확인한다.

⑯ 'Run'을 클릭한다.

[그림 4-20] '경기', '서울', '부산', '인천' 행 데이터 가져오기

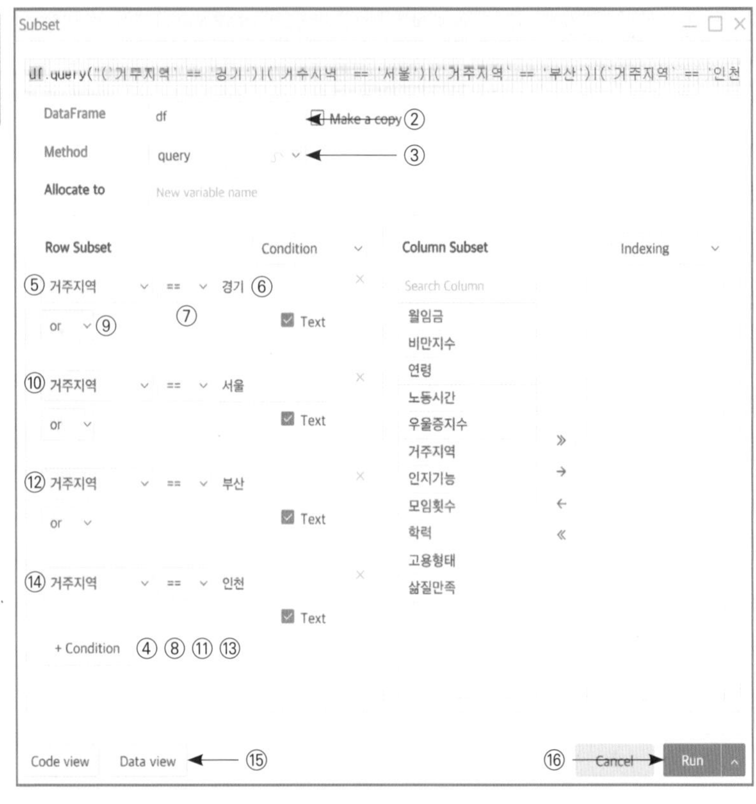

'경기', '서울', '부산', '인천'에 거주하는 노인들의 '월임금', '비만지수', '연령', '노동시간', '우울증지수', '거주지역', '인지기능', '모임횟수', '학력', '고용형태', '삶질만족'의 데이터가 추출된 것을 알 수 있습니다. 여기서 한 가지 기억해야 할 것은 ⑨ '거주지역' 박스 아래에 있는 'and'를 'or'로 변경하는 이유는 'and'는 교집합을 의미하고, 'or'는 합집합을 의미하기 때문입니다. 만약 'and'로 지정하게 되면 컴퓨터는 '경기'에 살면서(and), '서울'에도 살면서(and), '부산'에도 살면서(and), '인천'에도 살고(and) 있는 노인들의 데이터를 추출하려고 하지만, 실제로 4곳에서 동시에 살고 있는 노인는 없습니다. 그렇기 때문에 없는 데이터(null)를 보여 줄 것입니다.

[그림 4-21] query() 실행 결과

```
# Visual Python: Data Analysis > Subset
df.loc[(df['거주지역'] == '경기')|(df['거주지역'] == '서울')|(df['거주지역'] == '부산')|(df['거주지역'] == '인천'), :]
```

	월임금	비만지수	연령	노동시간	우울증지수	거주지역	인지기능	모임횟수	학력	고용형태	삶질만족
0	10.0	25.510204	52	40.0	1.6	서울	29.0	없음	대학교이상	상용직	0
1	100.0	24.141519	60	60.0	1.2	서울	27.0	없음	초등	상용직	0
2	80.0	20.000000	62	54.0	1.5	서울	27.0	없음	초등	상용직	0
3	10.0	22.675737	60	1.0	1.4	서울	29.0	없음	초등	일용직	0
4	10.0	25.476660	55	60.0	1.4	서울	29.0	없음	중등	상용직	0
...	...	...	...	...	...	...	...	...	...	...	...
1126	80.0	27.343750	69	80.0	2.6	경기	30.0	없음	초등	상용직	0
1127	50.0	20.312500	64	50.0	1.0	경기	27.0	1번일주일	초등	일용직	0
1128	100.0	21.604105	70	35.0	1.1	경기	28.0	1번일주일	고등	일용직	0
1129	70.0	22.546576	65	50.0	1.5	경기	30.0	없음	초등	일용직	1
1130	70.0	20.202020	54	50.0	1.6	경기	26.0	없음	초등	일용직	1

822 rows × 11 columns

지금은 열의 개수가 10개밖에 되지 않아 전체 열의 데이터를 한눈에 볼 수 있습니다. 하지만 열의 개수가 많으면 전체 열의 데이터를 동시에 추출하는 것이 오히려 불편할 수 있습니다. 그렇다면 우리가 관심 있는 열과 행의 데이터를 추출해 보도록 하겠습니다.

우리의 관심사는 '경기', '서울', '부산', '인천'에 거주하는 노인들의 '월임금'에 어떤 차이가 있는지입니다. 이 지역들에 사는 노인들의 '월임금'과 '삶의 만족'을 추출해야 합니다. 앞의 step 1. ①~⑭을 진행합니다.

step 2. '경기', '서울', '부산', '인천' 거주 지역의 '월임금'과 '삶질만족' 행의 데이터 가져오기

① ~ ⑭을 진행한다.

⑮ 오른쪽 창 'Column Subset'에서 '거주지역', '월임금', 그리고 '삶질만족'을 선택해서 오른쪽으로 이동한다.

⑯ 'Allocate to'에 main_city를 기입한다.

⑰ 'Run'을 클릭한다.

[그림 4-22] 주요 지역의 '월임금'과 '삶질만족' 데이터 가져오기

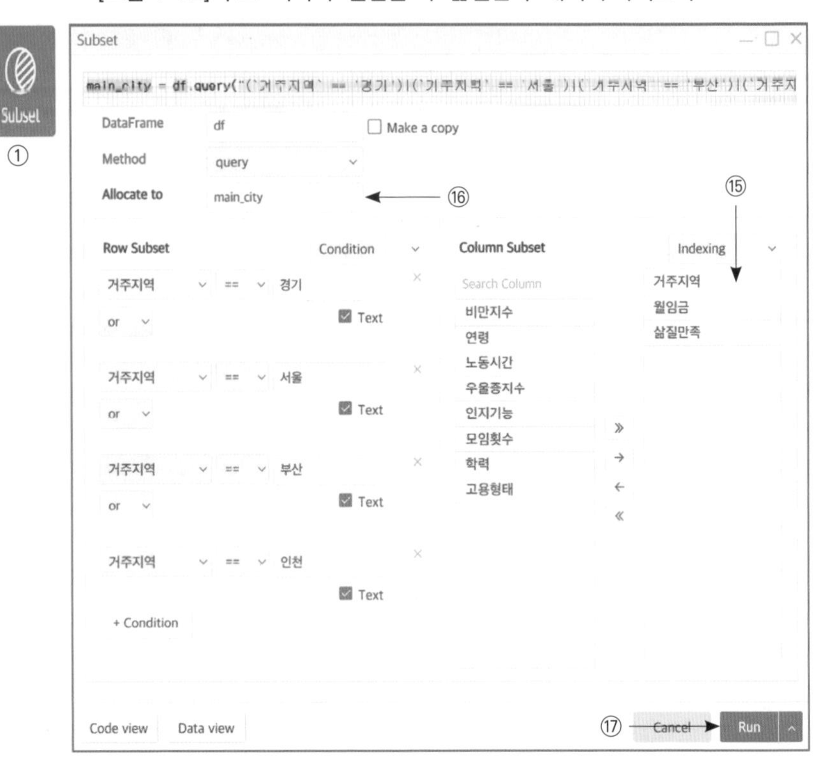

[그림 4-23] 주요 지역의 '월임금'과 '삶질만족' 데이터 결과

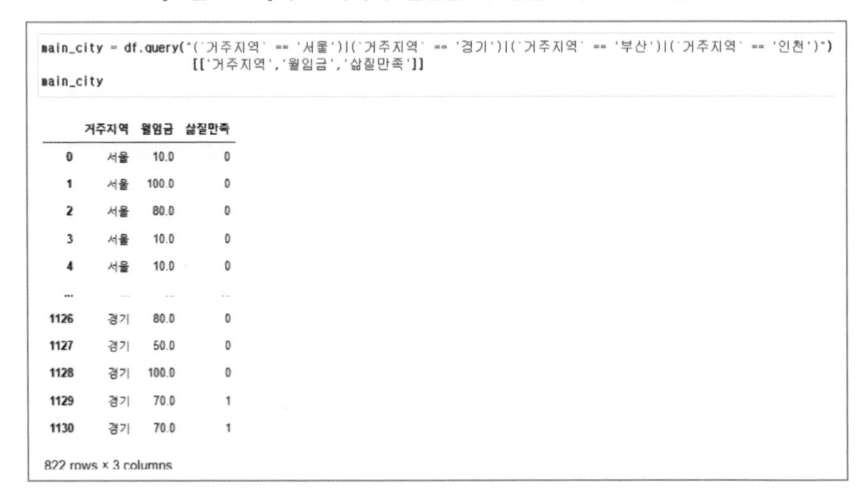

```
main_city = df.query("(`거주지역` == '서울')|(`거주지역` == '경기')|(`거주지역` == '부산')|(`거주지역` == '인천')")
                     [['거주지역','월임금','삶질만족']]
main_city
```

	거주지역	월임금	삶질만족
0	서울	10.0	0
1	서울	100.0	0
2	서울	80.0	0
3	서울	10.0	0
4	서울	10.0	0
...	...	...	...
1126	경기	80.0	0
1127	경기	50.0	0
1128	경기	100.0	0
1129	경기	70.0	1
1130	경기	70.0	1

822 rows × 3 columns

이제 '경기', '서울', '부산', '인천'에 거주하면서 자신들의 삶에 만족하는 노인들과 그렇지 않은 노인들의 월 임금 데이터를 추출하였습니다. 그리고 이 데이터를 'main_city'에 저장하였습니다. 지역에 따라 십난 간 월 임금의 차이가 얼마나 있는지 그래프로 시각화하겠습니다.

[그림 4-24] 그래프로 시각화하기

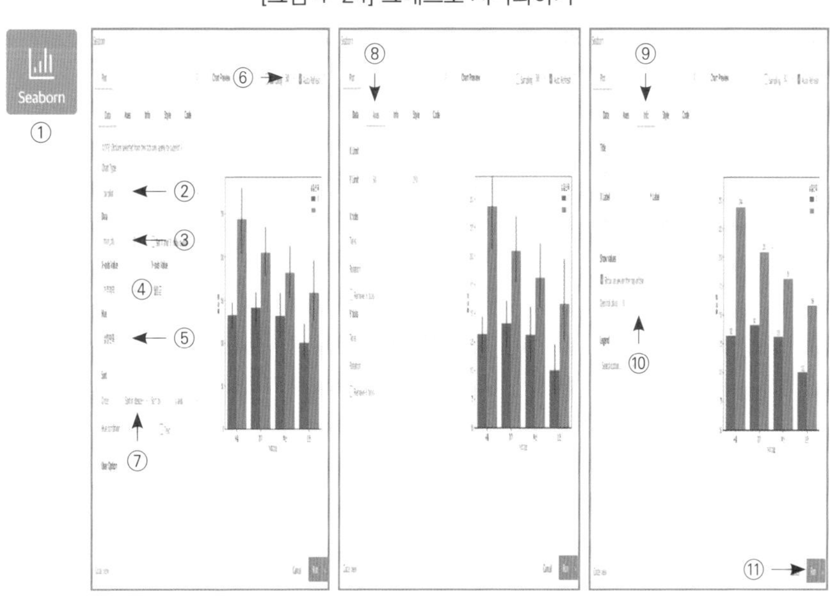

step 3. 그래프로 시각화하기

① 비주얼 파이썬 녹색 창에서 'Seaborn'을 클릭한다.

② 'Chart Type'에서 'barplot'를 선택한다.

③ 'Data'에서 'main_city'를 클릭한다.

④ 'X-axis Value'에서 '거주지역'을, 'Y-axis Value'에서 '월임금'을 선택한다.

⑤ 'Hue'에서 '삶질만족'을 클릭한다.

⑥ 오른쪽 상단에 'Sampling' 표시를 해제한다.

⑦ 'Order'에서 'Sort in descending order'를 선택한다.

⑧ 상단에서 'Axes'를 클릭하고 'Y Limit'의 'From'에 50, 'To'에 270을 기입한다.

⑨ 'Info'를 클릭하고, 'Show values on the top of bar'를 체크한다.

⑩ 'Decimal place'에 '0'을 기입한다.

⑪ 'Run'을 클릭한다.

[그림 4-25] 그래프 및 저장하기

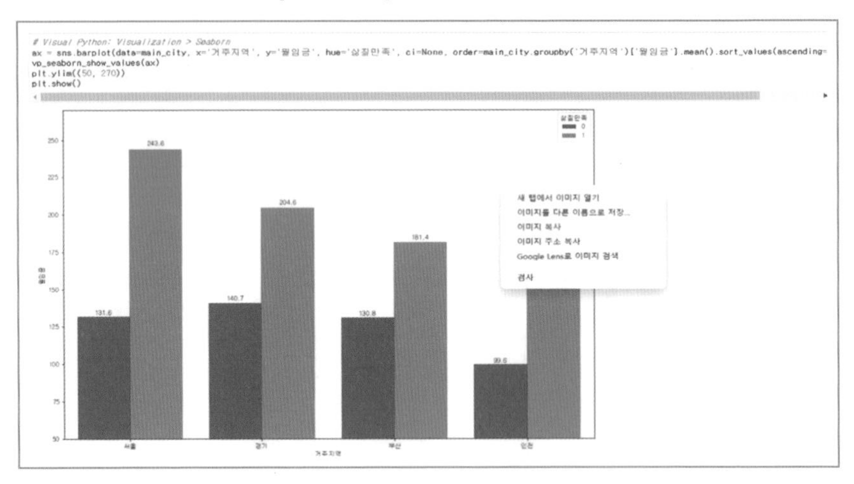

시각화는 상대방이 한눈에 그래프를 쉽게 이해하는 것이 중요합니다. ⑦ 'Sort in descending order'는 데이터를 내림차순으로 정리하라는 의미입니다. 막대 그래프가 1일 기준으로 오른쪽 아래로 내려가는 형태로 나타났습니다. ⑧ 'Y Limit'의 'From'에 '50', 'X Limit'에 '270'은 Y축 데이터 값의 범위를 50에서 270으로 조정하라는 의미입니다. 그래프에서 보는 것처럼 서울에서는 약 110만 원, 경기는 60만 원. 부산은 50만 원, 그리고 인천은 50만 원 차이가 나는 것을 알 수 있습니다. 또한 경기에 거주하는 노인들 중에서 삶에 만족하는 못하는 집단의 평균이 140만 원이지만, 인천에서는 삶에 만족하는 집단의 평균이 158만 원으로 약 18만 원밖에 차이가 나지 않는 것을 알 수 있습니다. 경기 지역에서 약 140만 원을 받는 노인들이 인천 지역에 거주한다면 자신의 삶에 만족하며 지낼 수 있을 가능성이 높을 것 같습니다.

이 그래프는 매우 간단하게 저장할 수 있습니다. 마우스를 그래프 위에 올려 놓은 상태에서 오른쪽 버튼을 클릭한 후 '이미지를 다른 이름으로 저장하기'를 클릭해서 원하시는 파일에 저장하면 됩니다.

앞에서 설명드린 것처럼 그룹바이는 다양한 통계 함수를 제공하고 있습니다. '경기', '서울', '부산', '인천'에 거주하는 노인들의 월 임금의 최대, 최소, 중앙값, 평균을 동시에 확인해 보겠습니다.

step 4. 지역별 월 임금 최대(max), 최소(min), 중앙값(median), 평균(mean) 구하기

① 비주얼 파이썬 오렌지색 창에서 'Groupby'를 클릭한다.

② 'DataFrame'에서 'main_city'를 선택한다.

③ 'Groupby'에서 '거주지역'과 '삶질만족'을 오른쪽 박스로 이동하고, 'OK'를 클릭한다.

④ 'Method'에서 'Advance' 박스를 체크한다.

⑤ 'Columns'에서 'All columns'를 클릭한다.

⑥ 'Selection columns' 창에서 '월임금'을 선택하고, 오른쪽 창으로 이동한 후 'OK'를 클릭한다.

⑦ 'Methods'에서 'Select methods to apply'를 클릭한다.

⑧ 'Selection methods' 창에서 'max', 'min', 'median', 'mean'을 선택하고, 'OK'를 클릭한다.

⑨ 'Allocate to'에 main_city_group을 기입한다.

⑩ 'Run'을 클릭한다.

[그림 4-26] 지역별 월 임금 최대, 최소, 중앙값, 평균 구하기

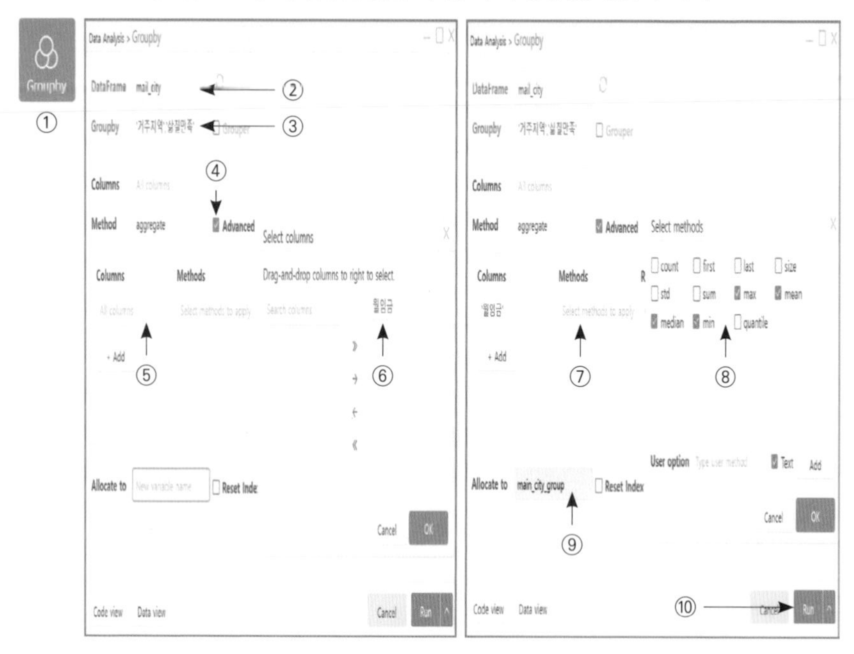

거주 지역에 따라 월 임금의 최댓값, 최솟값, 중앙값, 평균을 확인할 수 있습니다. 우선 중앙값을 살펴보면 서울에서 약 100만 원 차이가 나는 것을 알 수 있습니다. 전체 평균인 80만 원에 비해 약 20만 원 더 큰 차이가 나는 것을 알 수 있습니다. 인천은 평균값이 약 50만 원 차이 나지만, 중앙값에서는 40만 원 정도 차이가 납니다. 그리고 최솟값에서는 부산을 제외한 나머지 지역의 두 집단 간 차이는 10만 원으로 격차가 없습니다.

[그림 4-27] 지역별 월 임금 최대, 최소, 중앙값, 평균 결과

```
# Visual Python: Data Analysis > Groupby
main_city_group = main_city.groupby(['거주지역','삶질만족']).agg({'월임금': ['max','min','median','mean']})
main_city_group
```

		월임금			
		max	min	median	mean
거주지역	삶질만족				
경기	0	800.0	10.0	100.0	140.662420
	1	1000.0	10.0	150.0	204.639456
부산	0	700.0	20.0	100.0	130.821429
	1	600.0	30.0	162.5	181.433333
서울	0	600.0	10.0	100.0	131.605882
	1	800.0	10.0	200.0	243.578947
인천	0	500.0	10.0	80.0	99.600000
	1	620.0	10.0	120.0	158.142857

월 임금이 노인들의 삶에 영향을 미치는 가장 중요한 변수이지만, 월 임금 외의 다른 변수들도 삶에 대한 만족도 차이를 만드는 중요한 요소입니다. 두 번째로 중요했던 고용 형태를 살펴보겠습니다.

4-4.
고용 형태에 따른 집단 간 삶의 질 만족에는 어떤 차이가 있을까요?

고용 형태에 따라 삶에 만족하는 집단과 그렇지 못한 집단 간에 어떠한 차이가 있는지 살펴보겠습니다. 그룹바이를 활용하여 고용형태에 따른 차이를 표로 나타내 보겠습니다.

[그림 4-28] 그룹바이 실행하기

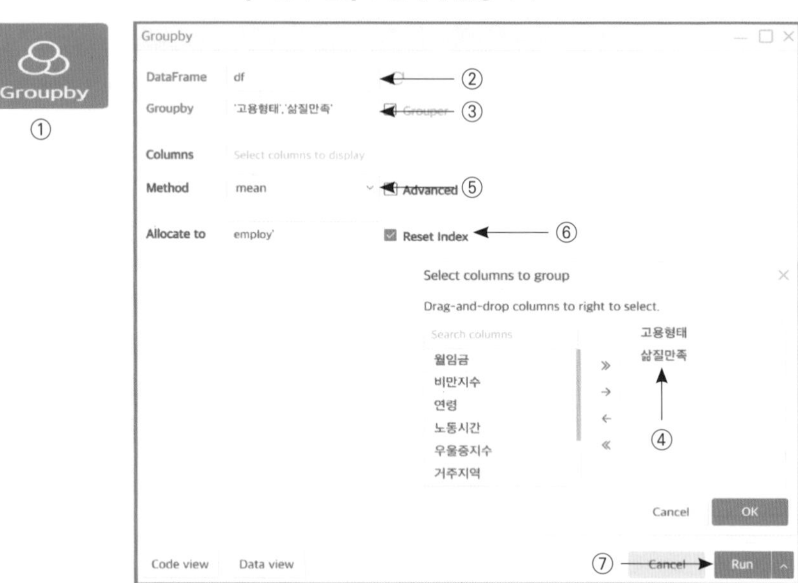

step 1. 그룹바이 실행하기

① 비주얼 파이썬 오렌지색 창에서 'Groupby'를 클릭한다.

② 'DataFrame'에서 'df'를 클릭한다.

③ 'Groupby'를 클릭한다.

④ 'Groupby'에서 '고용형태'과 '삶질만족'을 클릭하여 오른쪽으로 이동하고, 'OK'를 클릭한다.

⑤ 'Method'에서 'mean'을 클릭한다.

⑥ 'Allocate to'에 employ를 입력하고, 'Reset Index' 박스를 체크한다.

⑦ 'Run'을 클릭한다.

고용 형태에 따라 월 임금, 비만 지수, 연령, 노동 시간, 우울증 지수, 인지 기능에 삶을 만족하는 집단과 그렇지 못한 집단 간에 차이가 있습니다. 전체적으로 자신의 삶에 만족하는 노인들은 적게 일하고, 우울증이 낮으며, 인지 기능이 높고, 월 임금이 대체로 높은 것으로 나타났습니다. 여기서 우리가 알 수 있는 것은 매달 받는 월 임금도 중요하지만, 긍정적인 생각과 적절한 인지 기능을 유지하는 것이 중요하다는 것을 파악하였습니다.

[그림 4-29] 그룹바이 실행 결과

```
# Visual Python: Data Analysis > Groupby
employ = df.groupby(['고용형태','삶질만족'], as_index=False).mean()
employ
```

	고용형태	삶질만족	월임금	비만지수	연령	노동시간	우울증지수	인지기능
0	상용직	0	164.750449	23.230447	53.220826	50.199282	1.417594	27.741472
1	상용직	1	238.245283	23.463776	52.464837	47.121784	1.370669	28.492281
2	일용직	0	95.442922	23.137930	56.036530	40.739726	1.525571	26.757991
3	일용직	1	98.901408	23.589564	55.591549	39.154930	1.402817	27.732394
4	임시직	0	85.916031	23.530847	56.549618	46.893130	1.459542	26.984733
5	임시직	1	98.052632	23.399127	56.394737	42.868421	1.386842	27.605263

그렇다면 고용 형태에 따라 자신의 삶에 만족하는 집단과 그렇지 못한 집단 간에 우울증 지수에는 어떤 차이가 있는지 확인해 보겠습니다. 이번에는 포인트 그래프와 막대 그래프로 시각화여 비교해 보겠습니다.

step 1. 포인트 그래프로 시각화하기

① 비주얼 파이썬 녹색 창에서 'Seaborn'을 클릭한다.

② 'Chart Type'에서 'pointplot'을 선택한다.

③ 'Data'에서 'employ'를 클릭한다.

④ 'X-axis Value'에서 '고용형태'를, 'Y-axis Value'에서 '우울증지수'를 선택한다.

⑤ 'Hue'에서 '삶질만족'을 클릭한다.

⑥ 오른쪽 상단에 'Sampling' 표시를 해제한다.

⑦ 미리 보기 결과를 확인하고, 'Run'을 클릭한다.

[그림 4-30] 포인트 그래프로 시각화하기

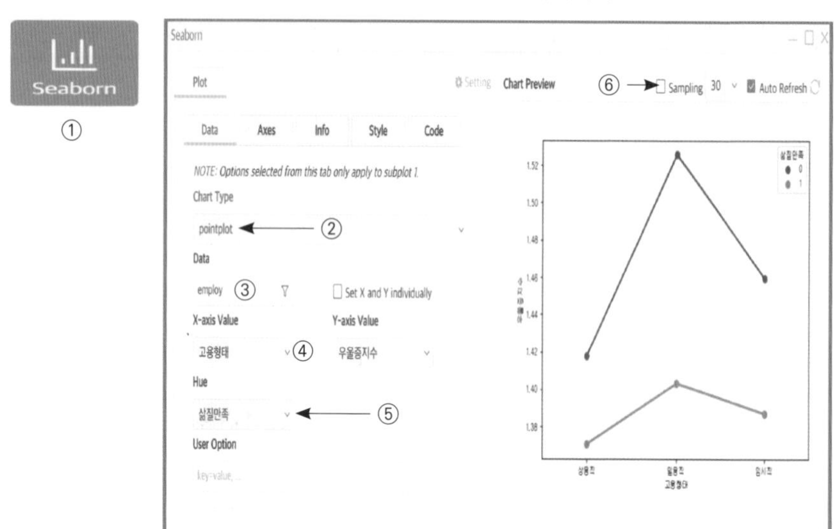

step 2. 막대 그래프로 시각화하기

① 비주얼 파이썬 녹색 창에서 'Seaborn'을 클릭한다.

② 'Chart Type'에서 'barplot'을 선택한다.

③ 'Data'에서 'employ'를 클릭한다.

④ 'X-axis Value'에서 '고용형태'를, 'Y-axis Value'에서 '우울증지수'를 선택한다.

⑤ 'Hue'에서 '삶질만족'을 클릭한다.

⑥ 오른쪽 상단에 'Sampling' 표시를 해제한다.

⑦ 미리 보기 결과를 확인하고, 'Run'을 클릭한다.

[그림 4-31] 막대 그래프로 시각화하기

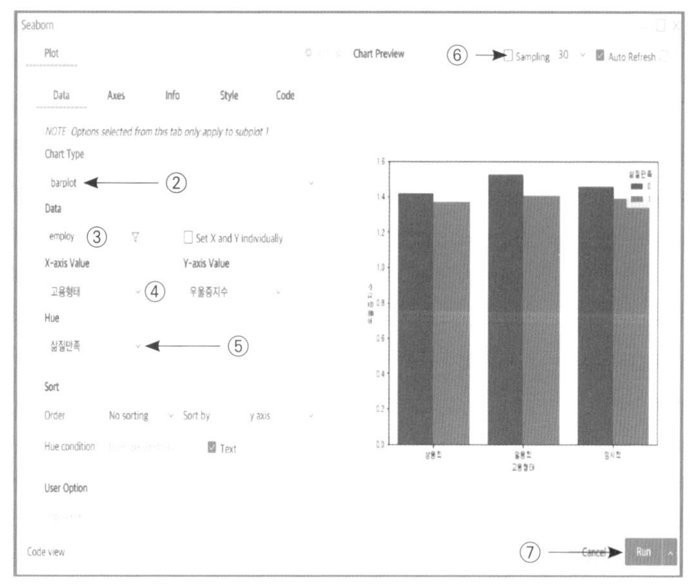

이제 2개의 그래프를 비교하여 보겠습니다. 포인트 그래프와 막대 그래프를 보시면 동일한 데이터이지만, 느끼는 차이는 클 것입니다. 포인트 그래프에서는 일용직 그룹에서 자신의 삶에 만족하는 집단과 그렇지 못하는 집단 간 차이가 크게 느껴지지만, 막대 그래프에서는 상대적으로 그 차이가 크게 느껴지지 않습니다.

상용직, 일용직, 임시직 집단 간 차이에서도 포인트 그래프가 더 차이가 있는 것처럼 보입니다. 의도적으로 조작한 것은 아니지만, 2개의 그래프를 보면 전달하려는 내용을 시각적으로 어떻게 표현하느냐에 따라 메시지가 매우 달라진다는 것을 알 수 있습니다. 포인트 그래프를 본 사람들은 일용직 노인들에게 우선적으로 조치가 필요하다고 생각하겠지만, 막대 그래프를 본 사람들은 이런 큰 차이를 느끼지 못할 가능성이 높습니다. 포인트 그래프와 막대 그래프의 특성과 Y축의 범위를 어떻게 설정하느냐에 따라 시각화가 매우 달라진다는 것입니다. 그럼 다시 한번 바꾸어 볼까요?

[그림 4-32] 포인트 그래프와 막대 그래프 비교하기

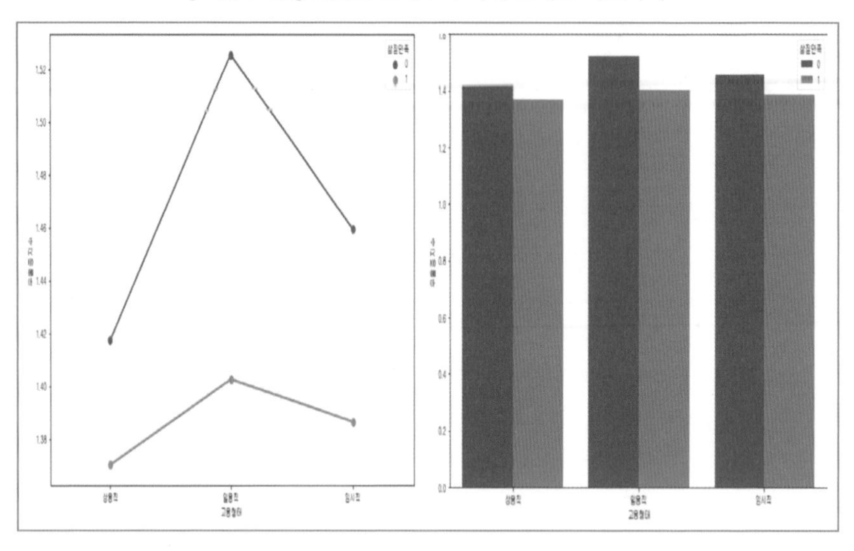

step 1. 포인트 그래프 조정하기(①~⑥ 그림 4-30과 동일)

① 비주얼 파이썬 녹색 창에서 'Seaborn'을 클릭한다.

② 'Chart Type'에서 'pointplot'을 선택한다.

③ 'Data'에서 'employ'를 클릭한다.

④ 'X-axis'에서 '고용형태', 'Y-axis'에서 '우울증지수'를 선택한다.

⑤ 'Hue'에서 '삶질만족'을 클릭한다.

⑥ 오른쪽 상단에 'Sampling' 표시를 해제한다.

⑦ 'Axes'를 선택한다.

⑧ 'Y Limit'의 'From'에 1.0, 'To'에 2.0을 기입한다.

⑨ 미리 보기 결과를 확인하고, 'Run'을 클릭한다.

[그림 4-33] 포인트 그래프 조정하기(①~⑥ 그림 4-30과 동일)

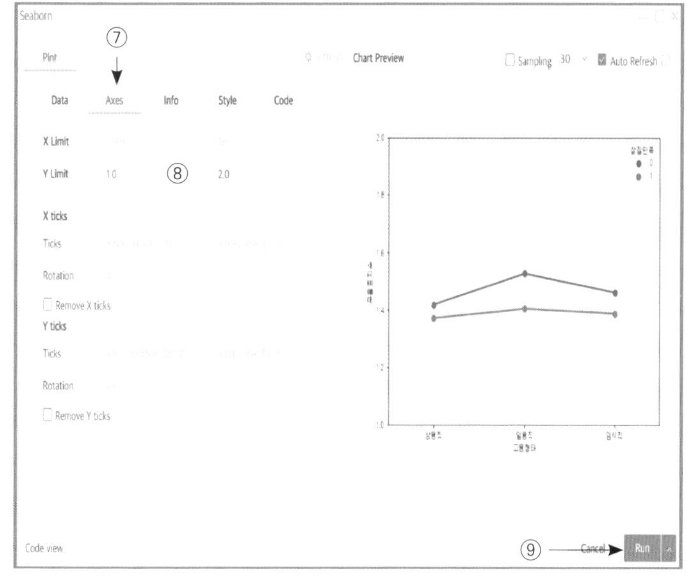

step 2. 막대 그래프로 조정하기(①~⑥ 그림 4-31과 동일)

① 비주얼 파이썬 녹색 창에서 'Seaborn'을 클릭한다.

② 'Chart Type'에서 'barplot'을 선택한다.

③ 'Data'에서 'employ'를 클릭한다.

④ 'X-axis'에서 '고용형태', 'Y-axis'에서 '우울증지수'를 선택한다.

⑤ 'Hue'에서 '삶질만족'을 클릭한다.

⑥ 오른쪽 상단에 'Sampling' 표시를 해제한다.

⑦ 'Axes'를 선택한다.

⑧ 'Y Limit'의 'From'에 1.3, 'To'에 1.6을 기입한다.

⑨ 'Info'를 선택한다.

⑩ 'Show values on the top of bar' 박스를 체크하고, 'Decimal place'에 2를 기입한다.

⑪ 미리 보기 결과를 확인하고, 'Run'을 클릭한다.

[그림 4-34] 막대 그래프로 조정하기(①~⑥ 그림 4-31과 동일)

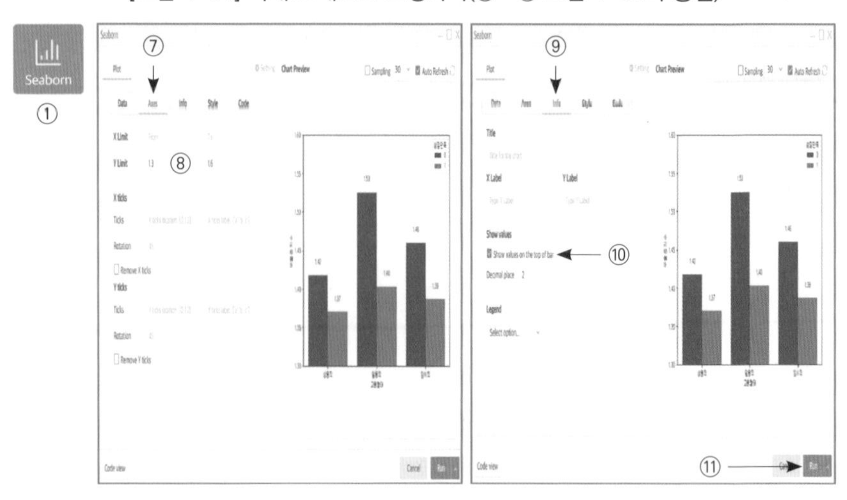

이번에는 반대로 느껴질 것입니다. 막대 그래프에서 일용직의 차이가 크게 느껴지고, 포인트 그래프에서는 상대적으로 그 차이가 덜 느껴질 것입니다. 단순히 Y축의 범위를 조정하는 것만으로도 시각화 효과가 매우 달라지게 됩니다.

[그림 4-35] 포인트 그래프와 막대 그래프 비교하기

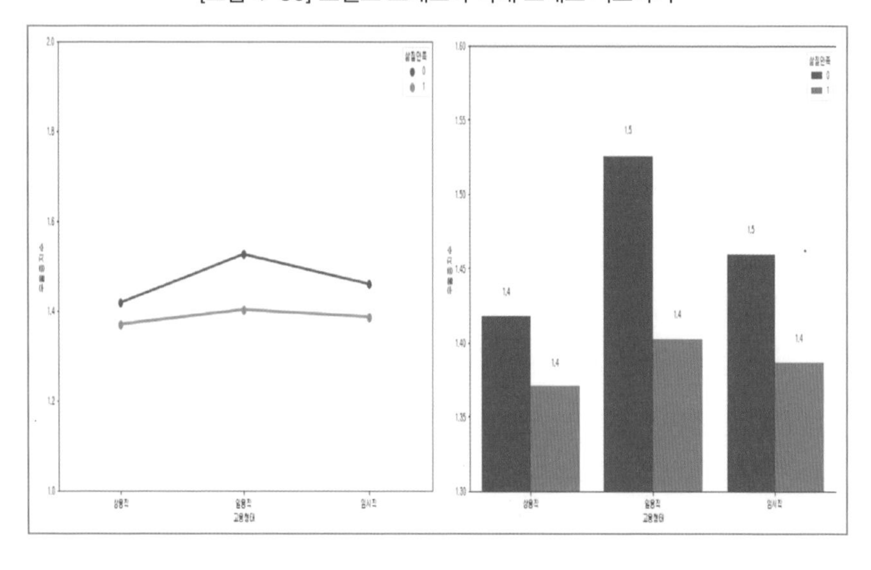

데이터를 시각화는 것이 많은 장점을 가지고 있지만, 반면 가장 큰 단점은 상대방에게 편향된 인식을 심어줄 수 있다는 것입니다. 따라서 데이터를 시각화하여 올바른 내용을 전달하기 위해서는 데이터 값이 가지고 있는 의미와 그래프의 특징을 잘 파악하고 있어야 합니다. 우울증 지수 데이터에서 0.1의 차이는 큰 차이를 가지고 있기 때문에 보다 세부적으로 범위를 설정하여 차이를 보여 주는 것이 바람직할 수 있습니다. 그리고 우울증 지수는 막대 그래프보다 포인트 그래프가 데이터의 특성을 잘 나타낼 수 있습니다. 포인트 그래프와 막대 그래프는 모두 그룹이나 항목을 비교할 때 사용하기 좋은 시각화 도구입니다. 하지만 막대 그래프는 수량과 비율을 비교할 때 유용하며, 포인트 그래프는 패턴을 발견하는 데 더 적절한 그래프입니다. 집단 간, 그리고 집단 안에서의 차이도 파악하면서 패턴도 발견할 수 있는 포인트 그래프를 활용하는 것이 더 좋을 것 같습니다. 포인트 그래프를 통해 우리는 삶에 만족하는 집단에서는 고용 형태에 따라 우울증 지수에 큰 차이가 없지만, 그렇지 못한 집단에서는 차이가 크다는 것을 알 수 있습니다. 특히 일용직 집단의 우울증 지수가 다른 집단에 비해 매우 높다는 것을 알 수 있습니다. 우리는 일용직에서 우울증 지수가 높은 노인들을 중점적으로 돌볼 수 있는 지원과 관심이 필요하다는 것을 발견할 수 있습니다.

다음은 고용 형태에 따라 삶에 만족하는 집단과 그렇지 못한 집단 간 인지 기능에는 어떤 차이가 있는지 포인트 그래프와 막대 그래프로 확인해 보겠습니다.

step 1. 포인트 그래프로 시각화하기

① 비주얼 파이썬 녹색 창에서 'Seaborn'을 클릭한다.

② 'Chart Type'에서 'pointplot'을 선택한다.

③ 'Data'에서 'employ'를 클릭한다.

④ 'X-axis'에서 '고용형태', 'Y-axis'에서 '인지기능'를 선택한다.

⑤ 'Hue'에서 '삶질만족'을 클릭한다.

⑥ 오른쪽 상단에 'Sampling' 표시를 해제한다.

⑦ 미리 보기 결과를 확인하고, 'Run'을 클릭한다.

[그림 4-36] 포인트 그래프로 시각화하기

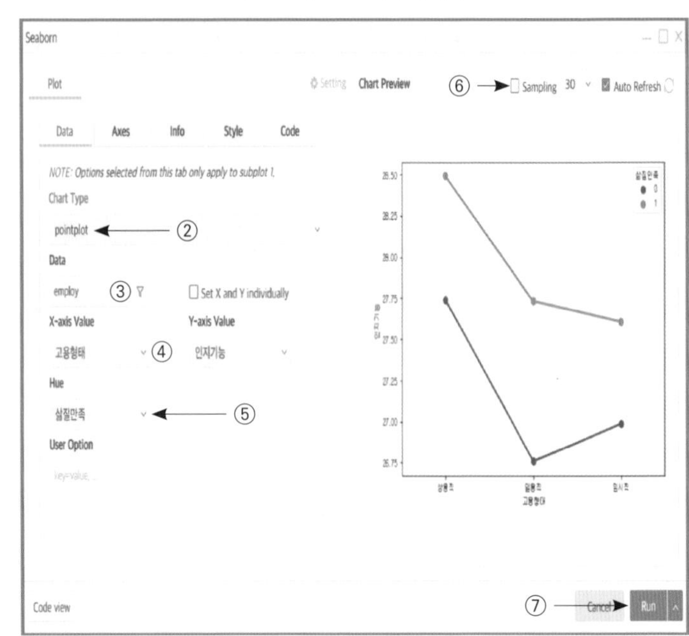

step 2. 막대 그래프로 시각화하기

① 비주얼 파이썬 녹색창에서 'Seaborn'을 클릭한다.

② 'Chart Type'에서 'barplot'을 선택한다.

③ 'Data'에서 'employ'를 클릭한다.

④ 'X-axis'에서 '고용형태', 'Y-axis'에서 '인지기능'를 선택한다.

⑤ 'Hue'에서 '삶질만족'을 클릭한다.

⑥ 오른쪽 상단에 'Sampling' 표시를 해제한다.

⑦ 미리 보기 결과를 확인하고, 'Run'을 클릭한다.

[그림 4-37] 막대 그래프로 시각화하기

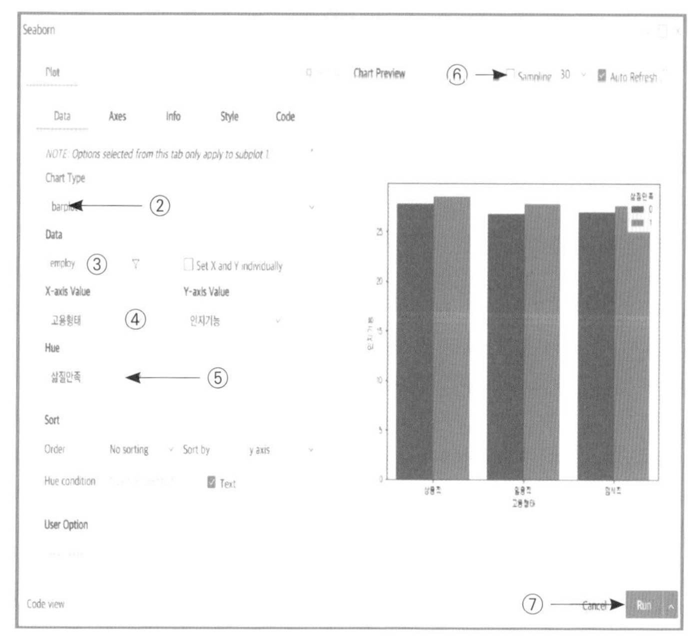

[그림 4-38] 포인트 그래프와 막대 그래프 결과

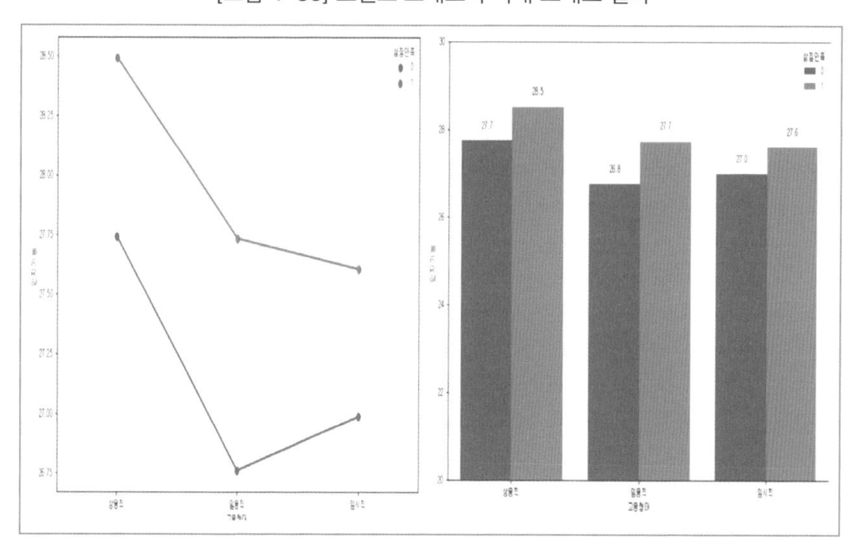

인지 기능의 결과도 우울증 지수와 유사하게 나타났습니다. 일용직에 종사하는 노인들 중에서 자신의 삶에 만족하지 못하는 이들의 인지 기능이 현저하게 낮은 것을 알 수 있습니다. 다만 차이점은 삶에 만족하는 집단에서 일용직 노인들이 인지 기능이 임시직에 비해 다소 높게 나타났다는 것입니다. 하지만 상용직에 종사하는 노인들의 인지 기능은 다른 집단의 노인들보다 대체적으로 높게 나타났습니다. 우리가 중점적으로 관심을 가져야 하는 집단은 자신의 삶에 만족하지 못하는 일용직 및 임시직 노인들인 것 같습니다. 특히 일용직 노인들의 인지 기능이 현저히 낮으므로 이분들에 대한 지원과 관심이 필요한 것 같습니다.

그렇다면 일용직에 대한 데이터를 심도 있게 분석해 보겠습니다. 앞에서 실습한 쿼리로 필요한 데이터를 추출하고, 피벗 테이블(pivot_table)을 활용해서 정리한 후 막대 그래프로 시각화해 보도록 하겠습니다. 앞에서 설명드린 것처럼 쿼리는 조건에 해당하는 특정 행을 추출하는 함수입니다. 피벗 테이블은 엑셀에서 많이 사용하는 피벗 테이블과 동일합니다. 피벗 테이블 결과를 보시면 그룹바이 결과와 유사한 형태로 나타납니다. 그룹바이와 피벗 테이블의 차이점은 그룹바이는 1차원 형태의 시리즈(series)로 값을 알려 주기 때문에 연산 속도가 매우 빠릅니다. 피벗 테이블은 데이터의 형태를 다양하게 바꿀 수 있는 장점이 있습니다. 멀티 인덱스를 자유롭게 사용할 수 있다는 것입니다. 예를 들어 '서울에 거주하고, 임시직에 종사하는 노인들 중 자신의 삶에 만족하는 노인들의 평균 우울증 지수는 000이다'를 나타내고 싶을 때는 피벗 테이블로 더 쉽게 할 수 있습니다. 따라서 많은 데이터 연산이 필요하다면 그룹바이를 적용하고, 데이터를 깔끔하게 정리하는 게 필요하면 피벗 테이블을 사용하면 좋습니다. 우선 쿼리를 활용해 일용직의 데이터를 추출하겠습니다. 앞에서는 조건에 해당하는 모든 행의 데이터를 추출하였지만, 이번에는 특정 열만 선택해서 데이터를 추출하겠습니다. 일용직 노인들의 '삶질만족', '모임횟수', '학력', '우울증지수', '인지기능' 데이터를 추출하는 것입니다.

[그림 4-39] 데이터 추출하기

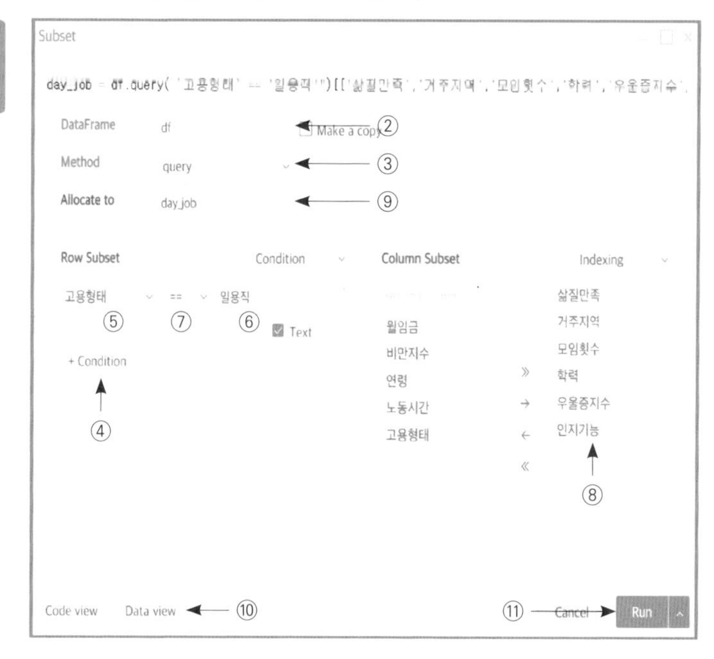

step 1. '고용형태' 열에서 '일용직'에 해당하는 '삶질만족', '거주지역', '모임횟수', '학력', '우울증지수', '인지기능' 행 데이터 가져오기

① 비주얼 파이썬 오렌지색 창에서 'Subset'을 클릭한다.

② 'DataFrame'에서 'df'를 선택한다.

③ 'Method'에서 'query'를 선택한다.

④ 'Row subset'에서 '+Condition'을 클릭한다.

⑤ 'Index'에서 '고용형태'를 선택한다.

⑥ 'Categorical dtype'에서 '일용직'을 선택한다.

⑦ '고용형태'와 '일용직' 가운데 박스를 클릭해서 '=='를 선택한다.

⑧ 오른쪽 'Column Subset'에서 '삶질만족', '모임횟수', '학력', '거주지역', '우울증지수', '인지기능'을 선택해서 오른쪽으로 이동한다.

⑨ 'Allocate to'에 day_job을 기입한다.

⑩ 왼쪽 하단에 'Data view'를 클릭해서 데이터를 확인한다.

⑪ 'Run'을 클릭한다.

[그림 4-40] 데이터 추출 결과

```
# Visual Python: Data Analysis > Subset
day_job = df.query("`고용형태` == '일용직'")[['삶질만족','모임횟수','학력','거주지역', '우울증지수', '인지기능']]
```

```
day_job
```

	삶질만족	모임횟수	학력	거주지역	우울증지수	인지기능
3	0	없음	초등	서울	1.4	29.0
15	0	없음	중등	서울	1.3	30.0
26	0	1번한달	고등	서울	1.7	29.0
27	1	1번한달	중등	서울	1.2	26.0
47	0	1번일주일	중등	서울	1.7	27.0
...	...	...	...	...	...	...
1578	0	1번한달	고등	경남	1.8	29.0
1588	1	거의매일	고등	경남	1.0	19.0
1589	0	1번한달	고등	경남	1.0	30.0
1592	0	거의매일	초등	경남	1.3	24.0
1595	0	4번일년	초등	경남	1.9	24.0

290 rows × 6 columns

쿼리를 활용해 추출한 'day_job' 데이터를 pandas.pivot_table() 피벗 테이블로 정리해 보겠습니다. 기본적으로 데이터를 정리한다는 의미는 데이터의 형태를 바꾸는 reshape의 개념입니다. 즉 피벗 테이블은 기존의 행과 열을 연산값(평균, 합산 등)을 중심으로 재배치하는 것입니다. 그렇기 때문에 알고 싶은 테이터의 구조를 정확하게 정의해야 합니다. 우리는 일용직 노인들 중에서 자신의 삶에 만족하는 집단과 그렇지 못한 집단들의 지역별로 우울증 지수와 인지 기능 지수의 평균을 알고 싶습니다. 인덱스는 삶에 만족하는 집단과 그렇지 못한 집단, 그리고 지역입니다. 연산값은 이것의 우울증 지수와 인지 기능의 평균입니다. 그럼 평균(mean)과 중앙값(median)을 피벗 테이블로 나타내 보겠습니다.

[그림 4-41] 피벗 테이블로 변환하기

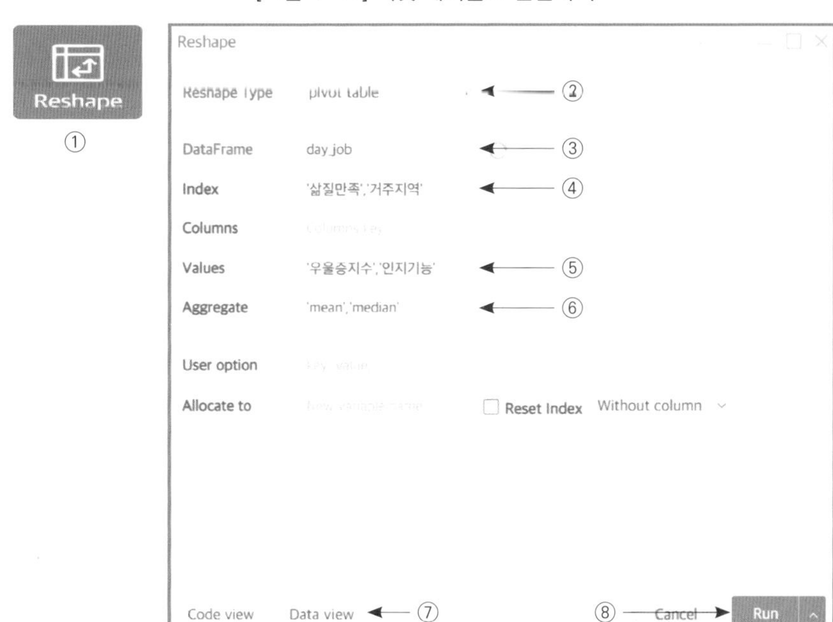

step 1. 피벗 테이블로 변환하기

① 비주얼 파이썬 오렌지창에서 'Reshape'를 클릭한다.

② 'Reshape Type'에서 'pivot_table'을 선택한다.

③ 'DataFrame'에서 'day_job'을 선택한다.

④ 'Index'에서 '삶질만족'과 '거주지역'을 오른쪽 창으로 이동하고, 'OK'를 누른다.

⑤ 'Value'에서 '우울증지수'와 '인지기능'을 오른쪽 창으로 이동하고, 'OK'를 누른다.

⑥ 'Aggregate'에서 'mean'과 'median'을 선택하고, 'OK'를 누른다.

⑦ 왼쪽 하단에 'Data view'를 클릭해서 데이터를 확인한다.

⑧ 'Run'을 클릭한다.

[그림 4-42] 피벗 테이블로 변환한 결과

```
# Visual Python: Data Analysis > Reshape
day_job.pivot_table(index=['삶질만족','거주지역'], values=['우울증지수','인지기능'], aggfunc=['mean','median'])
```

		mean		median	
		우울증지수	인지기능	우울증지수	인지기능
삶질만족	거주지역				
0	강원	2.100000	21.500000	2.00	21.5
	경기	1.475000	28.281250	1.50	28.5
	경남	1.376923	27.076923	1.30	28.0
	경북	1.109091	26.909091	1.00	28.0
	광주	1.840000	24.533333	1.60	25.0
	대구	1.375000	28.750000	1.40	29.0
	대전	1.345455	26.000000	1.10	28.0
	부산	1.687500	27.312500	1.60	28.0

피벗 테이블 함수를 활용해서 데이터를 한눈에 볼 수 있게 정리하였습니다. 강원 지역에 거주하는 노인들이 다른 지역에 비해 우울증 지수가 가장 높고, 인지 기능이 가장 낮은 것을 알 수 있습니다. 하지만 여전히 데이터가 표로 되어 있어 이것을 이해하는 데 조금 불편함이 있습니다. 피벗 테이블로 변환한 데이터를 시각화해 보겠습니다.

step 2. 시각화를 위한 데이터 변환하기

① 비주얼 파이썬 오렌지색 창에서 'Reshape'를 클릭한다.
② 'Reshape Type'에서 'pivot_table'을 선택한다.
③ 'DataFrame'에서 'day_job'을 선택한다.
④ 'Index'에서 '삶질만족'과 '거주지역'을 오른쪽 창으로 이동하고, 'OK'를 누른다.
⑤ 'Value'에서 '우울증지수'와 '인지기능'을 오른쪽 창으로 이동하고, 'OK'를 누른다.
⑥ 'Aggregate'에서 'mean'을 선택하고, 'OK'를 누른다.
⑦ 'Allocate to'에 day_job_pivot을 기입한다.
⑧ 'Reset Index' 박스를 체크하고, 오른쪽에 'With column'을 선택한다.
⑨ 왼쪽 하단에 'Data view'를 클릭해서 데이터를 확인한다.
⑩ 'Run'을 클릭한다.

[그림 4-43] 시각화를 위한 데이터 변환하기

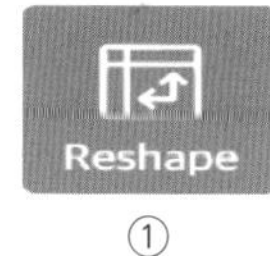

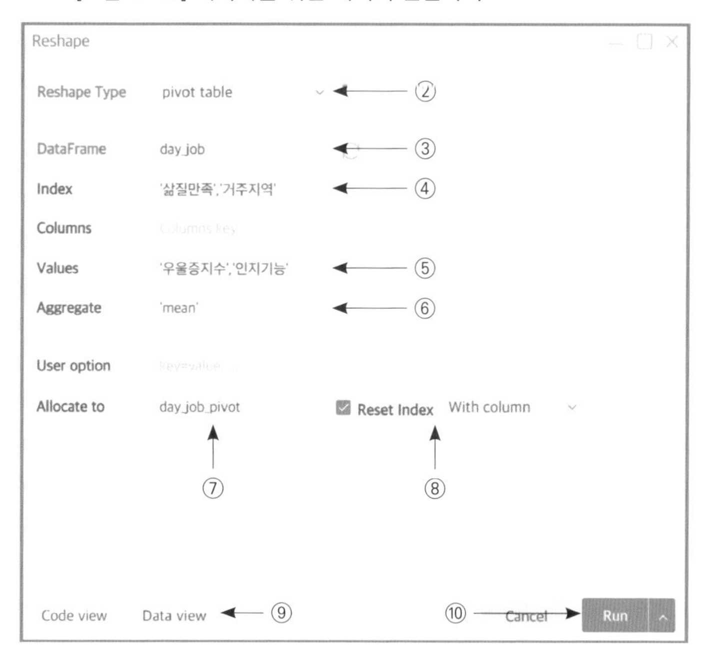

[그림 4-44] 시각화를 위한 데이터 변환 결과

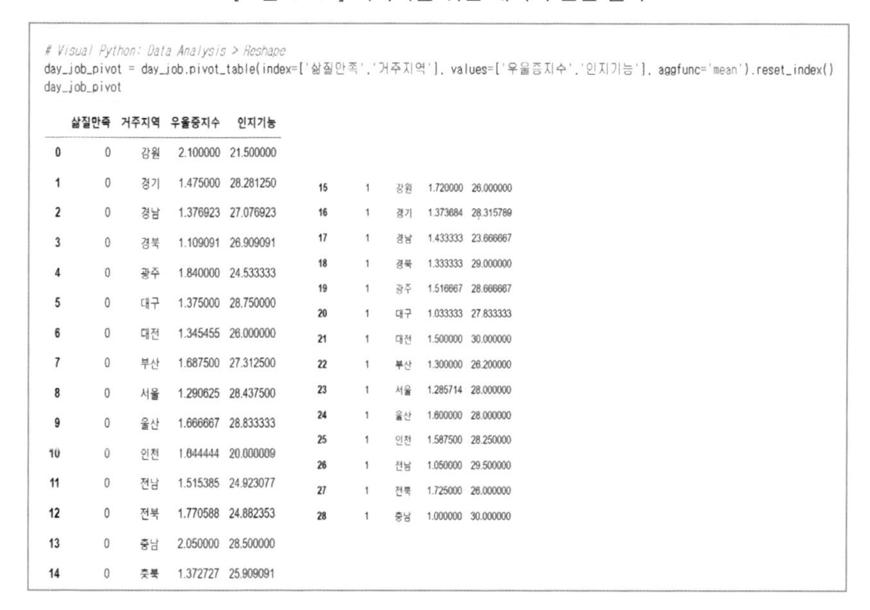

```
# Visual Python: Data Analysis > Reshape
day_job_pivot = day_job.pivot_table(index=['삶질만족','거주지역'], values=['우울증지수','인지기능'], aggfunc='mean').reset_index()
day_job_pivot
```

	삶질만족	거주지역	우울증지수	인지기능
0	0	강원	2.100000	21.500000
1	0	경기	1.475000	28.281250
2	0	경남	1.376923	27.076923
3	0	경북	1.109091	26.909091
4	0	광주	1.840000	24.533333
5	0	대구	1.375000	28.750000
6	0	대전	1.345455	26.000000
7	0	부산	1.687500	27.312500
8	0	서울	1.290625	28.437500
9	0	울산	1.666667	28.833333
10	0	인천	1.644444	20.000009
11	0	전남	1.515385	24.923077
12	0	전북	1.770588	24.882353
13	0	충남	2.050000	28.500000
14	0	충북	1.372727	25.909091
15	1	강원	1.720000	26.000000
16	1	경기	1.373684	28.315789
17	1	경남	1.433333	23.666667
18	1	경북	1.333333	29.000000
19	1	광주	1.516667	28.666667
20	1	대구	1.033333	27.833333
21	1	대전	1.500000	30.000000
22	1	부산	1.300000	26.200000
23	1	서울	1.285714	28.000000
24	1	울산	1.600000	28.000000
25	1	인천	1.587500	28.250000
26	1	전남	1.050000	29.500000
27	1	전북	1.725000	26.000000
28	1	충남	1.000000	30.000000

이제 시각화할 수 있도록 데이터의 구조를 변환하였습니다. 변환된 데이터를 막대 그래프로 시각화하겠습니다.

step 3. 막대 그래프로 시각화하기

① 비주얼 파이썬 녹색 창에서 'Seaborn'을 클릭한다.

② 'Chart Type'에서 'barplot'을 선택한다.

③ 'Data'에서 'day_job_pivot'을 클릭한다.

④ 'X-axis Value'에서 '거주지역'를, 'Y-axis Value'에서 '우울증지수'을 선택한다.

⑤ 'Hue'에서 '삶질만족'을 클릭한다.

⑥ 오른쪽 상단에 'Sampling' 표시를 해제한다.

⑦ 'Sort'의 'Order'에서 'Sort in descending order'를 선택한다.

⑧ 미리 보기 결과를 확인하고, 'Run'을 클릭한다.

[그림 4-43] 시각화를 위한 데이터 변환하기

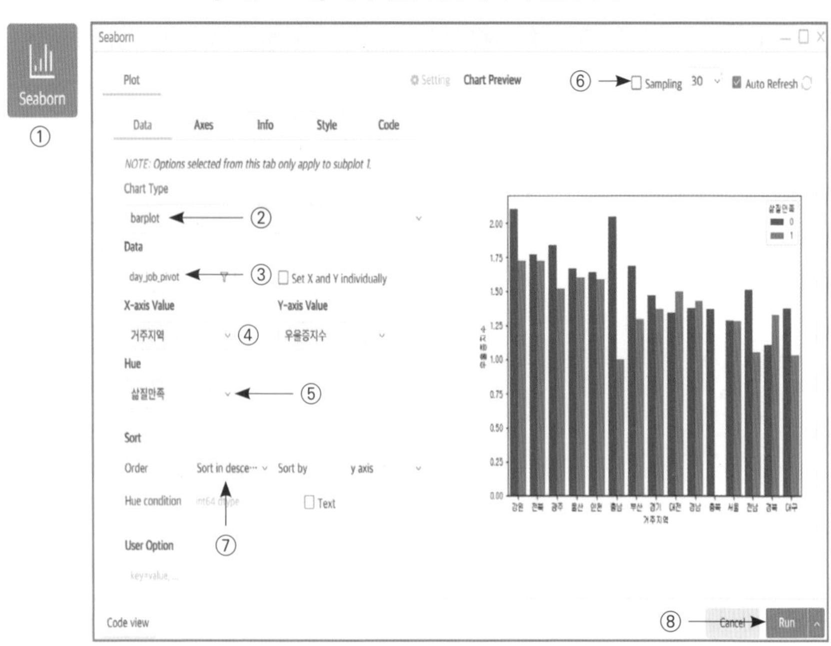

[그림 4-46] 막대 그래프 시각화 결과

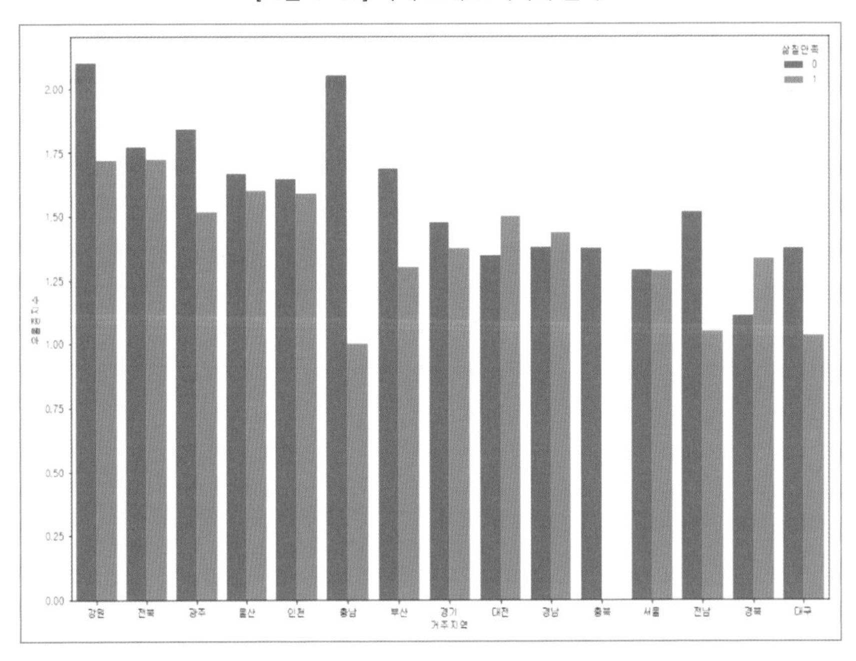

데이터를 막대 그래프로 시각화하여 나타내는 것이 데이터의 전반적인 구조와 내용을 이해하는 데 더 도움이 되는 것 같습니다. 강원 지역이 전반적으로 우울 지수가 높게 나타났습니다. 충남 지역은 자신의 삶에 만족하는 노인들의 우울증 지수가 가장 낮게 나타났으며, 이와 반대로 자신의 삶에 만족하지 못하는 노인들의 우울증 지수는 강원도 다음으로 높게 나타났습니다. 서울, 경기, 인천, 울산, 전북 등 주요 대도시들은 차이가 그리 크지 않은 것으로 나타났습니다.

지금까지 데이터를 추출하여 시각화한 결과, 일용직에 근무하는 노인들의 우울증 지수는 상용직과 임시직에 종사하는 노인들보다 높은 반면, 인지 기능은 낮은 것으로 나타났습니다. 또한 지역에 따라 편차가 있는 것으로 나타났습니다. 이를 통해 우리는 일용직에 근무하는 노인들의 우울증과 인지 기능에 대한 중점적인 관리와 지원이 필요하며, 지역에 따라 시급성을 고려한 조치가 이루어져야 한다는 것을 알 수 있습니다.

4-5.
모임 횟수에 따른 집단 간 삶의 질 만족에는 어떤 차이가 있을까요?

많은 연구 결과에 따르면 노인들의 친교 활동이 노인들의 삶에 다양한 영향을 미치는 것으로 나타나고 있습니다. 친교 활동이 우울증과 인지 기능에 긍정적인 영향을 줄 뿐만 아니라, 비경제적 측면에서 노인들의 삶의 만족을 높이는 데 주요한 역할을 하고 있습니다. 노인들의 모임 횟수에 따라 어떤 차이가 있는 살펴보겠습니다.

이번 장에서는 좀 더 세련된 시각화 패키지를 사용해 보겠습니다. 바로 플로트틀리(Plotly)입니다. 플로트틀리는 데이터를 역동적으로 표현할 수 있다는 장점이 있습니다. 시각화된 데이터를 확대 혹은 축소할 수 있으면 특정 영역을 강조해서 나타낼 수 있으며, 특정 영역의 데이터 값을 역동적으로 표현할 수 있습니다. 따라서 시각화 데이터 내용을 상대방에게 보다 효과적으로 전달할 수 있습니다.

그럼 모임 횟수에 따른 우울증 지수와 인지 기능의 차이를 플로트틀리로 시각화해 보겠습니다. 우선 모임 횟수를 기준으로 그룹바이를 시행하겠습니다.

step 1. 그룹바이 실행하기

① 비주얼 파이썬 오렌지색 창에서 'Groupby'를 클릭한다.
② 'DataFrame'에서 'df'를 클릭한다.
③ 'Groupby'를 클릭한다.
④ 'Groupby'에서 '모임횟수'와 '삶질만족'을 클릭하여 오른쪽으로 이동하고, 'OK'를 누른다.
⑤ 'Method'에서 'mean'을 클릭한다.
⑥ 'Allocate to'에 social_activity를 입력하고, 'Reset Index' 박스를 체크한다.
⑦ 'Run'을 클릭한다.

[그림 4-47] 그룹바이 실행하기

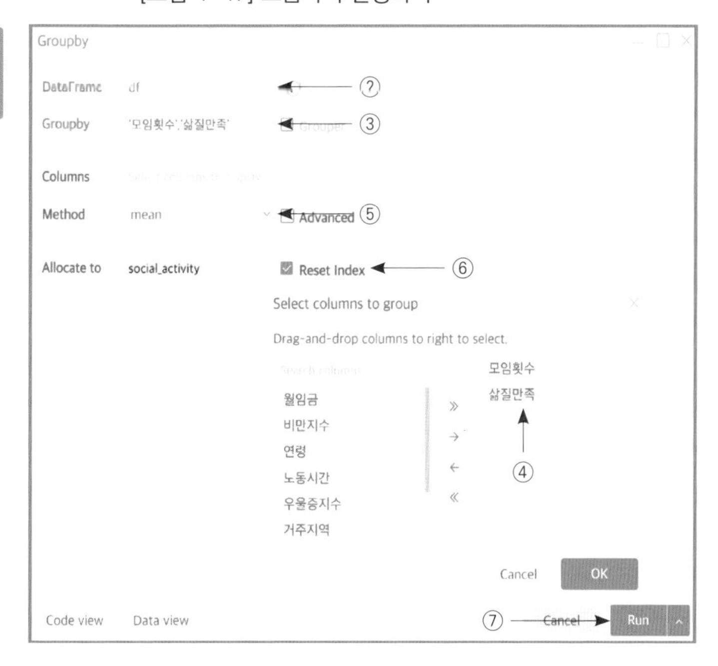

[그림 4-48] 그룹바이 결과

```
# Visual Python: Data Analysis > Groupby
social_activity = df.groupby(['모임횟수','삶질만족'], as_index=False).mean()
social_activity
```

	모임횟수	삶질만족	월임금	비만지수	연령	노동시간	우울증지수	인지기능
0	1번일주일	0	158.906593	23.129739	54.730769	46.472527	1.431868	27.307692
1	1번일주일	1	227.666667	23.166320	52.007092	45.049645	1.377305	28.645390
2	1번한달	0	154.175439	23.165220	52.842105	49.947368	1.394152	28.222222
3	1번한달	1	253.939130	23.343766	53.104348	45.878261	1.402609	28.530435
4	2번일년	0	110.576923	23.222416	50.653846	52.576923	1.426923	26.961538
5	2번일년	1	242.941176	23.353743	51.294118	44.294118	1.141176	28.764706
6	2번한달	0	152.980000	23.316615	53.360000	47.840000	1.434000	27.880000
7	2번한달	1	226.239130	23.599713	53.804348	51.369565	1.367391	28.456522
8	3번일주일	0	139.000000	23.411467	53.706349	48.809524	1.426984	27.190476
9	3번일주일	1	238.311927	23.676497	53.504587	45.614679	1.334862	28.100917
10	4번일년	0	84.090909	22.845872	56.818182	36.272727	1.518182	27.363636
11	4번일년	1	213.450000	23.063100	53.750000	48.200000	1.320000	28.400000
12	6번일년	0	145.880000	23.613102	56.280000	45.680000	1.508000	27.880000

그룹바이로 도출한 'social_activity' 데이터를 플로틀리로 표현해 보도록 하겠습니다.

step 2. 우울증 지수 평균값 플로틀리 시각화하기

① 비주얼 파이썬 녹색 창에서 'Plotly'를 클릭한다.

② 상단의 'Install Package'와 'Import Library'를 클릭한다.

③ 'Chart type'에서 'scatter'를 선택한다.

④ 'Data'에서 'social activity'를 선택한다.

⑤ 'X-axis Value'에서 '모임횟수', 'Y-axis Value'에서 '우울증 지수'를 선택한다.

⑥ 'Color'에서 '삶질만족', 'Sort'에서 'Total descending'을 선택한다.

⑦ 'Run'을 클릭한다.

[그림 4-49] 우울증 지수 평균값 플로틀리 시각화하기

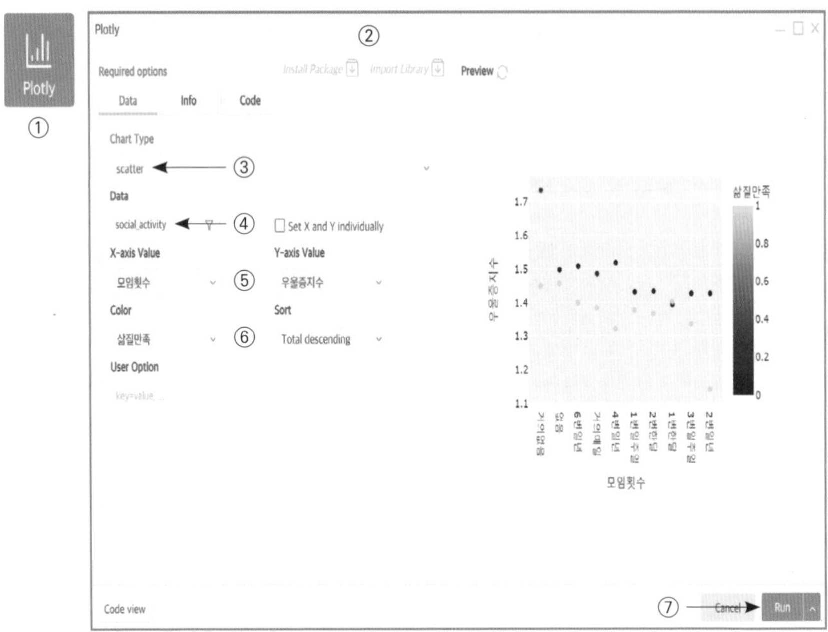

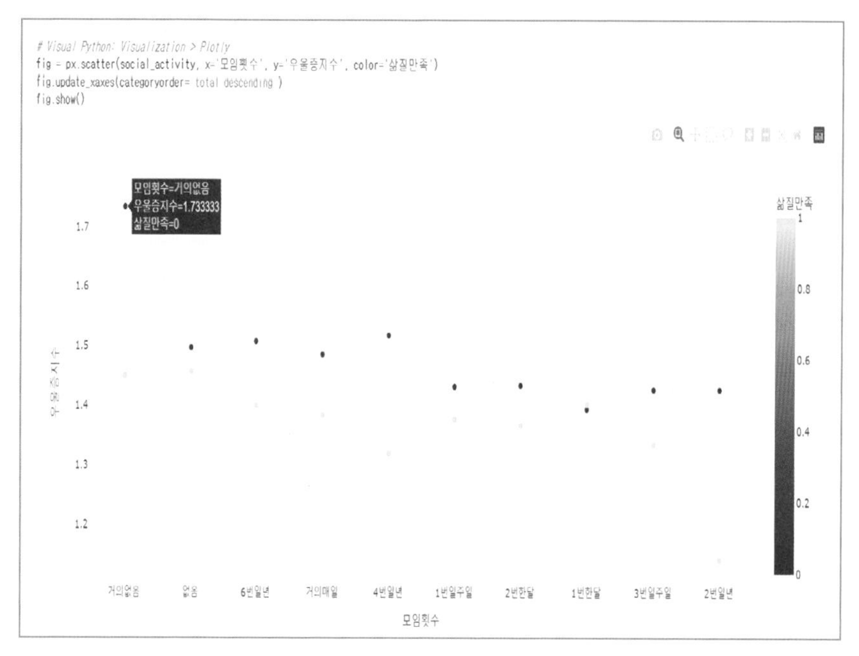

마우스를 움직이면 화면 오른쪽 상단에 여러 가지 기능을 사용할 수 있는 아이콘이 나타납니다. 그리고 마우스를 점에 가져다 놓으면 데이터를 확인할 수 있습니다.

오른쪽 상단의 아이콘에서 '+'와 '-'는 그래프를 확대 및 축소할 수 있습니다. 돋보기(zoom)는 관심이 있는 특정 영역을 확대해서 볼 수 있습니다. 박스 선택(box select)은 데이터의 특정 영역을 보다 강조해서 나타낼 수 있습니다.

모임 횟수가 거의 없다고 응답한 집단에서 삶에 만족하지 못하는 노인들의 우울증 지수의 평균값이 가장 낮게 나타났습니다. 그렇다면 모임 횟수에 따라 인지 기능의 평균값에도 차이가 있는지 보겠습니다.

step 3. 인지 기능 평균값 플로틀리 시각화하기

① 비주얼 파이썬 녹색 창에서 'Plotly'를 클릭한다.

② 상단에 'Install Package'와 'Import Library'를 클릭한다.
(step 1에서 실행했으면 생략)

③ 'Chart type'에서 'scatter'를 선택한다.

④ 'Data'에서 'social activity'를 선택한다.

⑤ 'X-axis'에서 '모임횟수', 'Y-axis'에서 '인지기능'을 선택한다.

⑥ 'Color'에서 '삶질만족', 'Sort'에서 'Total descending'을 선택한다.

⑦ 'Run'을 클릭한다.

[그림 4-51] 인지 기능 평균값 플로틀리 시각화하기

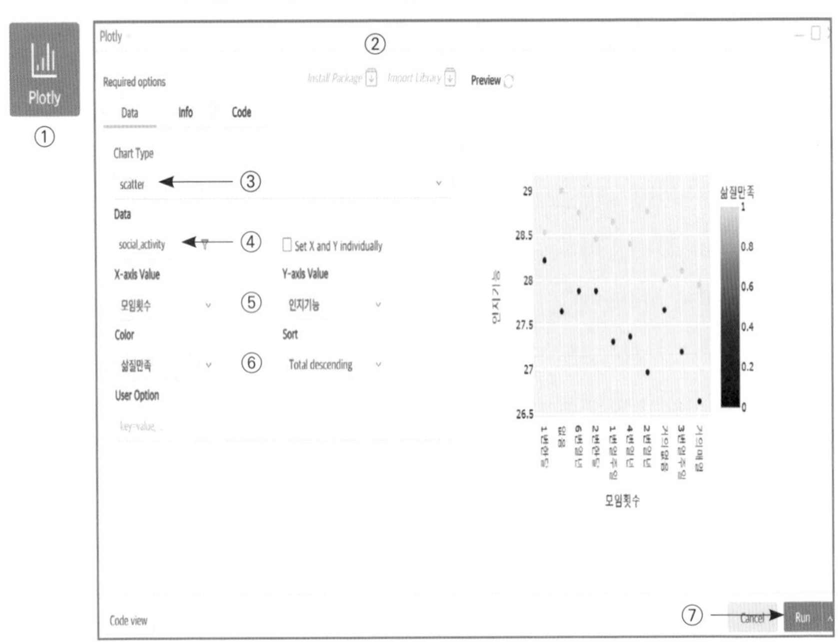

[그림 4-52] 인지 기능 평균값 플로틀리 그래프

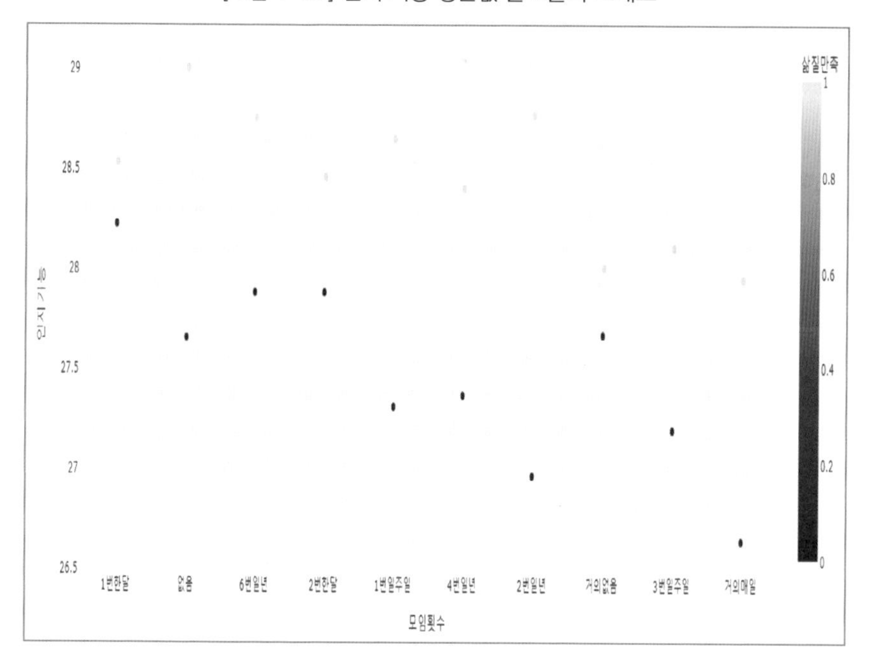

대체적으로 삶에 만족하는 노인들의 인지 기능이 높게 나타났으며, 모임 횟수에 따른 우울증 지수와 인지 기능의 차이에서 특정한 패턴을 발견하기 어려운 것 같습니다. 데이터를 평균화하는 과정에서 중요한 데이터를 손실한 것 같습니다.

이번에는 평균값을 사용하지 않고 원데이터를 사용해서 스트립(strip) 그래프로 시각화해 보겠습니다. 스트립 그래프는 범주형 변수와 연속형 변수의 분포를 한눈에 볼 수 있습니다. 각 모임 횟수는 특성에 따라 그룹화된 범주형 변수이고, 우울증 지수는 연속된 값을 가지고 있는 연속형 변수입니다. 스트립 그래프를 활용하면 패턴을 쉽게 파악할 수 있습니다.

step 1. 우울증 지수 스트립 그래프로 시각화하기

① 비주얼 파이썬 녹색 창에서 'Plotly'를 클릭한다.

② 'Chart type'에서 'strip'을 선택한다.

③ 'Data'에서 'df'를 선택한다.

④ 'X-axis'에서 '우울증지수', 'Y-axis'에서 '모임횟수'를 선택한다

⑤ 'Color'에서 '삶질만족'을 선택한다.

⑥ 'Run'을 클릭한다.

[그림 4-53] 우울증 지수 스트립 그래프로 시각화하기

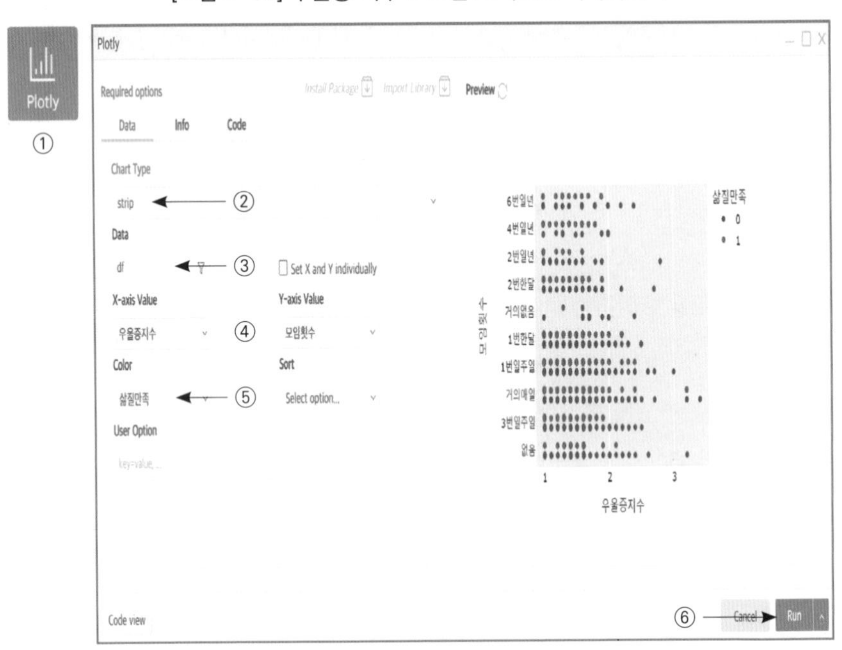

[그림 4-54] 우울증 지수 스트립 그래프

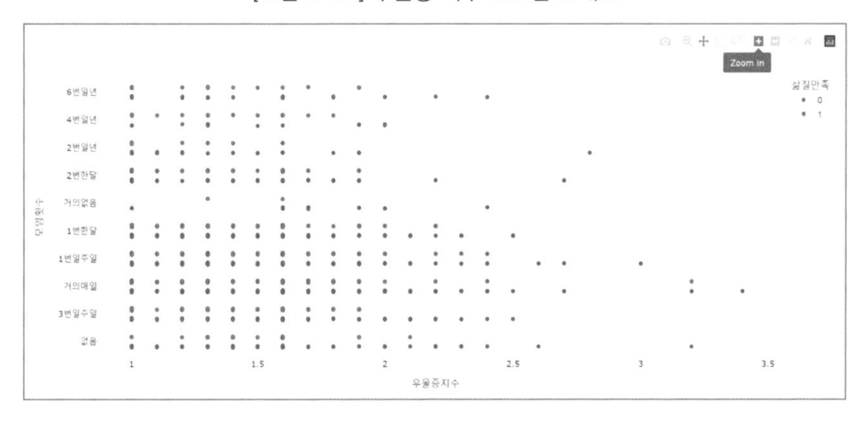

우울증 지수는 모임 횟수가 1~2회일 때 큰 차이가 없는 것 같습니다. 하지만 2회 초과부터 차이가 있다는 것을 확인할 수 있습니다. 화살표로 우울증 2부터 3.5까지 선택해 보시기 바랍니다. 차이점이 확연하게 드러나 보입니다.

[그림 4-55] 우울증 지수 스트립 그래프 확대

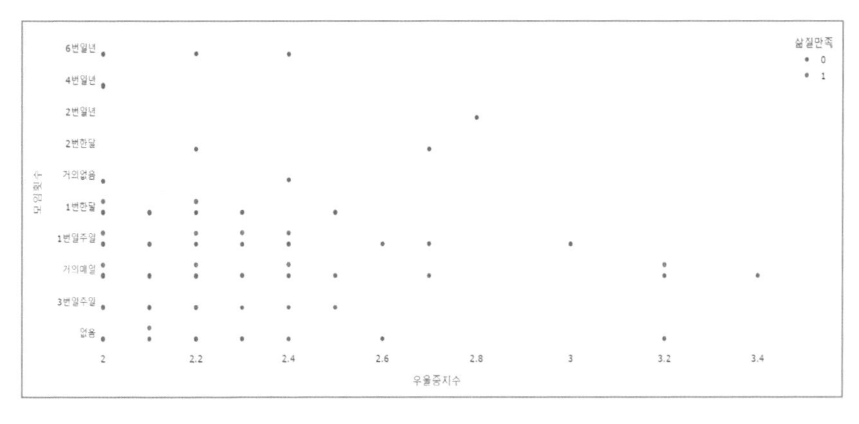

우선 삶에 만족하지 못하는 노인들 중에서 모임 횟수가 적을수록 우울중 지수가 대체적으로 높은 분포를 보이고 있습니다. '거의 없음'과 '없음'을 보시면 자신의 삶에 만족하는 노인들의 우울중 지수가 2.1을 넘지 않고 있습니다. 또한 '6번일년'부터 '거의없음' 범주에는 자신의 삶에 만족하는 노인들의 우울증 지수가 2를 넘지 않고 있습니다. 대체적으로 모임 횟수가 적을수록 우울증 지수가 높은 경향을 보이는 것 같습니다. 다음으로는 인지 기능을 살펴보겠습니다.

step 2. 인지 기능 스트립 그래프로 시각화하기

① 비주얼 파이썬 녹색 창에서 'Plotly'를 클릭한다.
② 'Chart type'에서 'strip'을 선택한다.
③ 'Data'에서 'df'를 선택한다.
④ 'X-axis Value'에서 '인지기능', 'Y-axis Value'에서 '모임횟수'를 선택한다.
⑤ 'Color'에서 '삶질만족'을 선택한다.
⑥ 'Run'을 클릭한다.

[그림 4-56] 인지 기능 스트립 그래프로 시각화하기

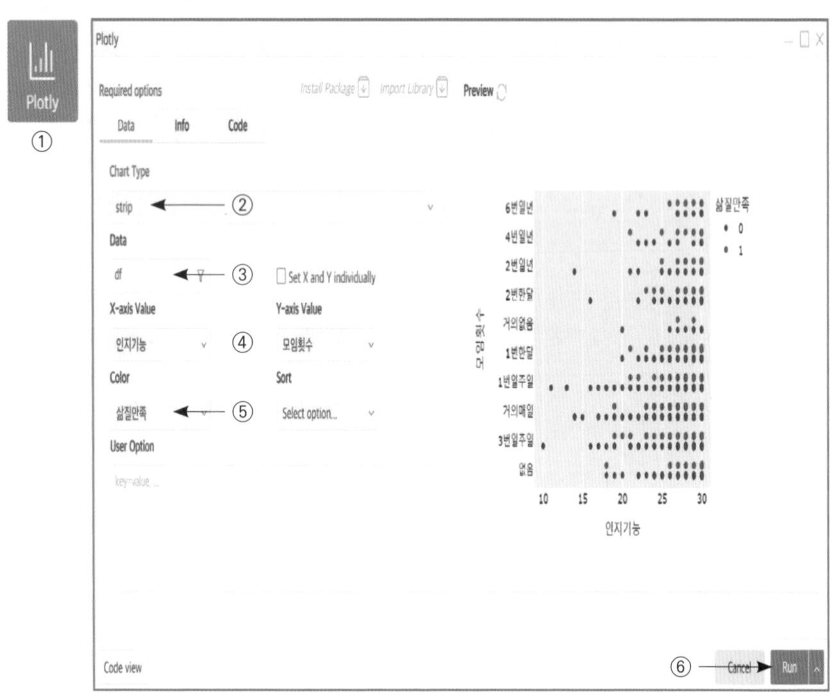

그래프의 분포를 살펴보면 대체적으로 최소한 한 달에 1번 이상 모임을 가지고 있는 노인들의 인지 기능이 높은 편으로 나타났습니다. 특히 모임이 거의 없거나 일 년에 2~6번 모임을 갖는 노인들의 인지 기능이 다른 그룹에 비해 상대적으로 낮은 경향을 보이고 있습니다.

[그림 4-57] 인지 기능 스트립 그래프

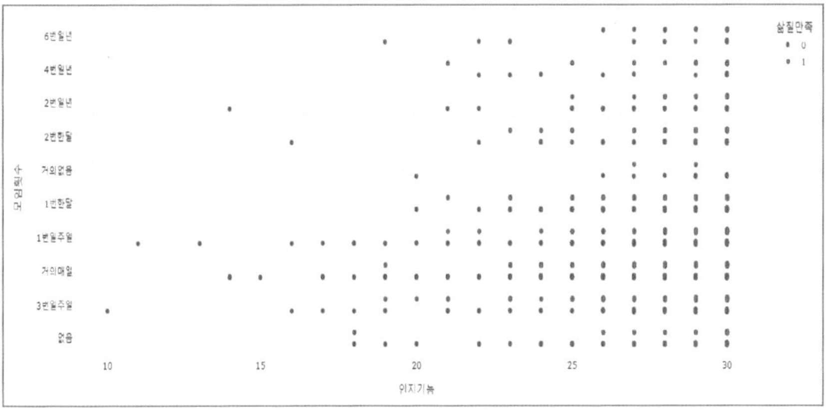

지금까지 노인의 삶의 만족도를 예측할 수 있는 변수를 통해 삶에 만족하는 노인들과 그렇지 않는 노인들의 차이를 탐색해 보았습니다. 이를 위해서 그룹바이, 쿼리, 그리고 피벗 테이블을 활용하여 데이터를 도출하고, 형태를 바꾸고, 연산을 했습니다. 또한 이렇게 재구성한 데이터를 보다 효과적으로 탐색하고 표현하기 위한 다양한 시각화 방법을 살펴보았습니다. 'Seaborn' 모듈을 활용하여 데이터를 막대 그래프, 박스플롯, 포인트 그래프로 나타내 보았습니다. 또한 데이터를 보다 역동적으로 시각화하기 위해서 플로틀리를 활용하여 산점도 그래프와 스트립 그래프로 나타내 보았습니다.

시각화 데이터 탐색 과정을 통해 지역별 삶에 만족하는 집단과 그렇지 못한 집단 간 월 임금에 있어 다양한 차이가 있다는 것을 발견하였습니다. 전체 데이터에서 가장 높은 비율을 차지하는 주요 도시인 경기, 서울, 부산, 인천을 살펴본 결과 서울에서는 두 집단 간 평균 약 110만 원, 경기는 60만 원, 부산과 인천은 각각 50만 원의 차이가 있었습니다.

월 임금 외에 고용 형태에 따른 두 집단 간 우울증 지수와 인지 기능의 차이를 확인해 보았습니다. 전체적으로 자신의 삶에 만족하는 노인들은 우울증이 낮고 인지 기능이 높은 것을 파악할 수 있었습니다 특히 일용직 노인들의 데이터에서 자신의 삶에 만족하지 못하는 노인들의 우울증이 높고, 인지 기능이 현저하게 낮은 것을 알 수 있었습니다.

또한 모임 횟수에 따른 우울증 지수와 인지 기능의 차이를 확인해 보았습니다. 대체적으로 모임 횟수가 적을수록 우울증 지수가 높고 인지 기능이 낮은 경향을 보이고 있었습니다.

지금까지의 데이터 분석를 통해 우리는 정책의 방향을 대략적으로 결정할 수 있는 근거를 확보할 수 있었습니다. 자신의 삶에 만족하지 못하는 노인들에게 필요한 대책을 다각적으로 수립할 수 있게 되었습니다. 자신의 삶에 만족하지 못하는 노인들 중 지역, 고용 형태, 그리고 모임 횟수 등에 따라 어떤 조치가 어느 정도 필요한지 알 수 있게 되었습니다. 그렇다면 이제 자신의 삶에 만족하지 못하는 노인들의 만족도를 높이는 데 필요한 정책을 수립할 수 있는 토대가 데이터 분석을 통해 마련되었습니다.

Chapter 5.

무엇을 얼마나 변화시켜야 할까요?

Chapter 5.

무엇을 얼마나 변화시켜야 할까요?

5-1.
무엇을 변화시키는 것이 중요한가요?

정책 분석의 목적은 해결해야 할 문제를 명확히 규명하고 목표를 구체적으로 설정한 후에 합리적인 최선의 대안을 설계 및 결정하여 최종적으로 소망하는 목표에 도달하는 것입니다.

정책 분석에서 문제를 정의하는 1단계는 문제를 구성하는 요소(components)를 찾아내어 이것들이 소망하는 목표와 어떤 연관성이 있는지 파악하는 것입니다. 이것을 통해 문제를 보다 명확하게 정의할 수 있습니다. 이를 위해 랜덤포레스트를 이용하여 노인들의 삶의 만족도를 예측 시 중요한 변수를 확인하였습니다.

랜덤포레스트 알고리즘을 활용해서 노인의 삶의 만족도를 예측하는 데 있어 연관성이 높은 중요 변수들을 분석하였습니다. '월임금', '비만지수', '우울증지수',

'노동시간', '연령', '학력', '인지기능', '고용형태', '모임횟수', '거주지역'이 노인의 삶을 예측하는 데 중요한 변수로 나타났습니다. 10개의 변수만으로도 노인이 삶에 만족하는지를 70% 가까이 예측할 수 있다는 것입니다. 문제를 정의하기 위한 구성 요소를 발견한 것입니다. 결국 우리의 궁긍적인 목적인 '노인들의 삶을 행복하게 만들기 위해 무엇을 중심으로 다루어야 하는지'를 정의할 수 있게 된 것입니다. 이 10개 변수를 중심으로 문제에 접근하는 것이 효과성, 효율성, 그리고 목표 달성 가능성을 높일 수 있습니다.

한 가지 우리가 기억해야 할 것은 노인의 삶의 만족도를 예측하는 데 10개 변수가 가장 높은 연관성을 가지고 있지만, 이것들이 원인인지는 알 수 없습니다. 다시 설명드리자면, 우리는 랜덤포레스트 알고리즘을 활용해서 삶의 만족도를 예측할 수 있는 특정 패턴을 발견한 것입니다. 실제로 무엇이 노인들이 삶을 만족하게 하는지는 알 수가 없습니다. 그렇지만 10개 변수의 특성을 통해 노인들이 자신들의 삶을 만족할지는 예측할 수 있습니다.

문제를 예측하기 위해 패턴을 찾는 것과 문제의 원인을 발견하는 것 중 어느 것이 더 중요한지는 정책 목표에 따라 달라질 수 있습니다. 만약 치유적 접근, 즉 문제가 없었던 이전 상태로 돌아가는 것이 목표라면 원인을 분석해서 이것을 문제로 정의하는 것이 더 중요할 것입니다. 하지만 미래적 접근, 즉 미래에 도달하고 싶은 바람직한 상태가 목표라면 발생 가능성이 가장 높은 문제를 발견하는 것이 더 중요할 것입니다. 이러한 측면에서 우리가 궁극적으로 소망하는 목표는 노인들이 행복한 삶을 영위하는 것입니다. 따라서 우리는 미래적 접근, 다시 말해 노인들이 행복한 삶을 살 수 있도록 하는 정책이 더 중요할 것입니다. 노인들이 자신의 삶에 만족할 때 이들이 행복한 삶을 살 가능성이 높아지므로, 우리가 분석해서 발견한 10개의 변수는 우리가 소망하는 목표에 도달하는 데 중요한 역할을 할 것입니다.

결국 우리는 '월 임금', '비만 지수', '우울증 지수', '노동 시간', '연령', '학력', '인지 기능', '고용 형태', '모임 횟수', '거주 지역'을 변화시켜야 할 문제들로 규정해야 할 것입니다. 이 10개의 변수를 우리가 가장 우선적으로 다루어야 할 문제로 정의하도록 하겠습니다. 그렇다면 얼마나 변화시키면 좋을까요? 이제 우리가 달성해야 하는 목표를 구체적으로 설정해야 할 것입니다.

5-2.
얼마나 변화시켜야 할까요?

우리가 소망하는 목표는 노인들의 삶을 행복하게 만드는 것입니다. 하지만 이 목표는 구체적으로 무엇을 달성해야 하는지 모호하다는 점에서 정책 대안 결정 과정에 큰 영향을 미칠 것입니다. 정책 목표의 모호성은 합리적인 의사 결정을 방해하여 정책의 효과 및 효율성을 저감할 가능성이 높습니다. 왜냐하면 정책 목표의 모호성은 정책 결정자가 무엇을 해야 하는지 파악하기 어렵게 만들며, 개념적인 복잡성이 더해짐으로써 정책 결정자들 간 합의가 어려워질 가능성이 높기 때문입니다. 결국 정책 목표의 모호성은 정책 대안의 모호성이라는 결과를 초래할 수 있습니다. 이에 Rainey(2003)[5]는 "정책 목표의 모호성을 줄이고 명확하게 하는 것이 기대하는 정책의 효과를 달성할 수 있는 접근"이라고 했습니다. 즉 우리가 소망하는 목표를 보다 명확하게 정의하는 것이 중요하겠습니다.

앞에서 우리는 무엇을 변화시켜야 하는지를 구체적으로 정의했습니다. 그렇다면 '월임금', '비만지수', '우울증지수', '노동시간', '연령', '학력', '인지기능', '고용형태' 등 10개 변수를 얼마나 변화시켜야 하는가를 정의하는 것이 필요하겠습니다. 이를 위해서 4장에서 그룹바이(Group by), 쿼리(Query), 그리고 피벗 테이블(Pivot_table)로 데이터를 분석하고 시각화하였습니다, 분석 결과를 토대로 구체적인 목표를 보다 용이하게 수립할 수 있을 것입니다.

우선 '연령', '학력', '거주지역, '모임횟수', '고용형태'를 제외한 나머지 변수들에서 삶에 만족하는 집단과 그렇지 못한 집단 간 차이를 비교해 보겠습니다. 그룹바이를 활용해서 평균과 중앙값을 분석하겠습니다.

---

5) Understanding and Managing Public Organizations by Hal G. Rainey(2003) ; Jossey-Bass

step 1. **평균값 분석하기**

① 비주얼 파이썬 오렌지색 창에서 'Groupby'를 클릭한다.

② 'DataFrame'에서 'df'를 선택한다.

③ 'Groupby'에서 '삶질만족'을 선택한다.

④ 'Method'에서 'mean'을 선택한다.

⑤ 'Run'을 클릭한다.

[그림 5-1] 평균값 분석하기

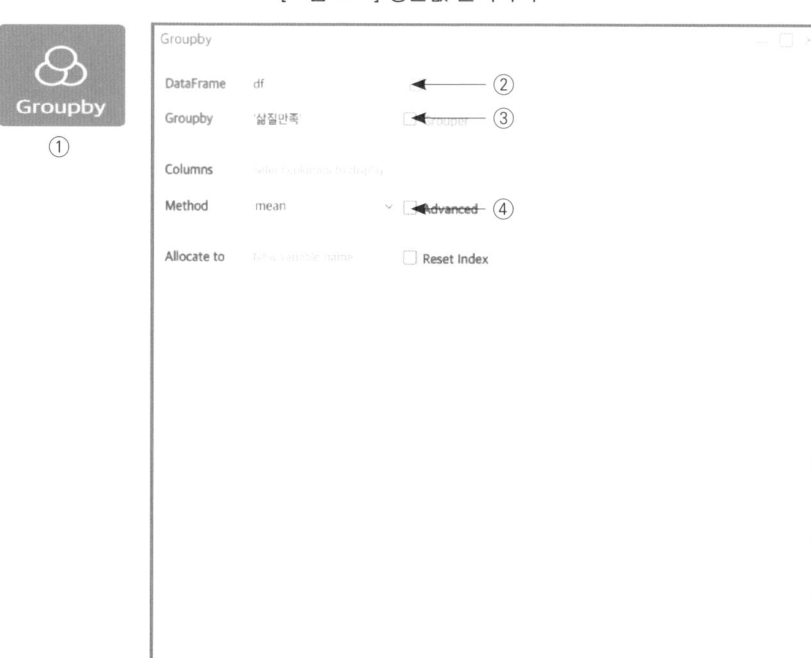

step 2. **중앙값 분석하기**

①~③ 동일하게 선택하기

④ 'Method'에서 'median'을 선택한다.

⑤ 'Run'을 클릭한다.

[그림 5-2] 중앙값 분석하기

삶에 만족하는 집단(1)이 그렇지 못한 집단(0) 간 평균 월 임금은 80만 원, 비만 지수는 0.22, 노동 시간은 1.43시간, 우울증 지수는 0.7, 그리고 인지 기능은 1 정도 차이가 나는 것을 알 수 있습니다. 중앙값은 월 임금 100만 원, 비만 지수 0.36, 노동 시간 3시간, 그리고 인지 기능은 1이 차이가 나는 것으로 나타났습니다. 이러한 격차를 줄이는 것으로 정책 목표를 수립할 수 있습니다. 정책 목표를 노인들의 만족스러운 삶에 필요한 월 임금, 비만, 노동 시간, 우울증, 인지 기능 등의 향상 혹은 저감으로 세울 수 있습니다.

[그림 5-3] 평균 및 중앙값 결과

```
# Visual Python: Data Analysis > Groupby
df.groupby('삶질만족').mean()
```

삶질만족	월임금	비만지수	연령	노동시간	우울증지수	인지기능
0	136.629548	23.251496	54.381477	47.437707	1.449724	27.394708
1	216.250000	23.473132	53.001445	46.070809	1.374855	28.365607

```
# Visual Python: Data Analysis > Groupby
df.groupby('삶질만족').median()
```

삶질만족	월임금	비만지수	연령	노동시간	우울증지수	인지기능
0	100.0	23.148148	52.0	48.0	1.4	28.0
1	200.0	23.509005	51.0	45.0	1.4	29.0

하지만 단순하게 이들 간 차이를 분석해 목표를 설정하는 접근은 오히려 모호성을 가중시킬 수 있습니다. 따라서 다양한 차원으로 접근하여 분석할 필요가 있습니다. 예를 들어 거주 지역, 고용 형태, 모임 횟수 등에 따라 각각의 집단에서 어떤 차이가 발생하는지를 분석해야 보다 명확한 목표를 수립할 수 있을 것입니다. 이러한 분석은 앞 장에서 그룹바이, 쿼리, 피벗 테이블을 활용하여 다양하게 분석한 바 있습니다.

우선 거주 지역을 살펴보면 주요 도시 경기, 서울, 부산, 인천은 월 임금에서 각각 60만 원, 110만 원, 50만 원 차이가 납니다. 하지만 대전 지역은 만족하지 못하는 집단(0)의 평균이 162만 원으로, 부산 지역의 만족하는 집단(1)과 22만 원밖에 차이가 나지 않습니다. 또한 울산 지역은 만족하는 집단에서 월 임금의 하위 25%가 만족하지 못하는 집단의 상위 25%에 속하는 것으로 나타났습니다. 그만큼 격차가 크다는 것을 알 수 있습니다.

또한 고용 형태에 따라 우울증 지수와 인지 기능 간 차이가 있는 것을 확인하였습니다. 삶에 만족하지 못하는 집단 내 일용직의 평균 우울증 지수는 1.53으로, 상용직 1.42와 임시직 1.46보다 높게 나타났습니다. 게다가 일용직에서 삶에 만족하는 집단의 평균은 1.40로, 상용직에서 삶에 만족하지 못하는 집단의 평균 1.42와 큰 차이가 나지 않는 것을 알 수 있습니다. 인지 기능도 이와 유사한 형태를 보이고 있습니다. 만족하지 못하는 집단에서 일용직의 평균 인지 기능은 26.75로, 상용직 27.75와 임시직 27.00보다 낮게 나타났습니다. 여기서 눈에 띄는 부분은 상용직에서 삶에 만족하지 못하는 집단의 평균 27.74가 일용직에서 삶에 만족하는 집단의 평균 27.73과 거의 같다는 것입니다. 그리고 거주 지역에 따라 우울증 지수와 인지 기능에도 차이가 있다는 것을 알 수 있습니다. 강원 지역과 충남 지역의 우울증 지수가 2.0 이상으로 가장 높게 나타났으며, 인지 기능은 강원 지역이 21.5로 가장 낮았습니다.

마지막으로 모임 횟수에 따라 만족하는 집단과 그렇지 못한 집단 간 노동 시간과 우울증 지수 등에 차이가 있는 것을 알 수 있습니다. 모임 횟수가 거의 없거나 없는 노인들의 우울증 지수가 1.5 이상으로 높게 나타났습니다.

우리가 궁극적으로 소망하는 목표는 노인들이 행복한 삶을 영위하는 것입니다. 이를 달성하기 위해서는 보다 명확한 목표가 필요합니다. 다양한 차원의 분석을 바탕으로 구체적인 정책 목표를 수립할 수 있습니다. 우리는 거주 지역에 따라 월 임금, 고용 형태에 따라 우울증 지수와 인지 기능, 그리고 모임 횟수에 따라 우울증 지수 차이 등을 분석했습니다. 우리의 목표는 이러한 격차를 줄여서 노인들이 만족스러운 삶을 살 수 있도록 하는 것입니다. 종합적인 분석 결과를 바탕으로 우리는 '주요 대도시에서 삶에 만족하는 집단의 하위 50% 수준까지 월 임금 확대' 혹은 '일용직 노인들의 우울증과 인지 기능을 임시직의 50% 수준까지 개선' 등 정책 목표를 구체적으로 수립할 수 있습니다.

이제 우리는 구체적으로 무엇을 얼마나 변화시켜야 하는지 분석을 통해 구체적으로 정의할 수 있었습니다. 이제 우리가 해야 할 것은 이것을 어떻게 변화시킬 것인가입니다.

5-3.
어떻게 변화시켜야 할까요?

다양한 데이터 분석을 통해 정책의 첫 번째 단계인 문제 및 목표 정의를 명확하게 할 수 있습니다. 두 번째 단계는 탐색 단계로, 목표 달성에 필요한 대안을 설계하고 개발해서 결정하는 단계입니다. 목표가 구체적이면 우리가 개발하고 결정해야 하는 대안도 자연스럽게 명확해질 수 있습니다.

정책 분석에서 정책 대안을 합리적으로 결정하는 방법은 결과를 예측하는 것입니다. 과거에는 경험적 분석, 정책 실험, 통계적 접근 등을 통해 정책대안의 결과를 예측할 수 있습니다. 하지만 이러한 접근들은 주관적인 경험, 제한된 실험 조건, 선형적 계획 등의 문제들로 인해 결과를 예측하는 데 한계가 있습니다.

하지만 빅데이터 분석은 이러한 한계를 보완하여 합리적인 의사 결정을 도와줄 수 있는 다양한 예측 방법을 제시하고 있습니다. 우리는 랜덤포레스트 알고리즘을 활용하여 노인들의 만족스러운 삶을 예측할 수 있는 중요한 변수를 분석하였습니다. 이 변수들의 조건을 충족시킨다면 10명 중 최대 7명의 노인들이 자신의 삶이 만족스럽다고 지각할 가능성이 높을 것입니다.

이를 토대로 도출한 최적의 정책 대안은 노인들에게 평균 월 임금 216만 원 이상을 제공하고, 비만 지수 23.4 이상, 노동 시간 46시간 미만, 우울증 지수는 1.37 미만, 인지 기능은 28.36 이상, 그리고 모임횟수는 한 달에 1번 이상을 유지하게 하는 한편, 최소한 임시직 직업을 가질 수 있도록 하는 것입니다. 지역과 고용 형태, 학력 등에 따라 이 조건들에 차이가 있을 수 있지만, 이러한 상태를 유지 혹은 향상시킬 수 있는 정책들을 제공하면 노인들이 만족스러운 삶을 살 가능성이 높아질 것입니다.

이러한 성책 대안을 결정하기 위해서는 대안의 실행 가능성, 정책 비용, 정책 수혜자들의 욕구 및 선호, 그리고 형평성 등을 비교하여 분석할 필요가 있습니다. 전체 인구의 약 15.7%인 약 815만여 명의 노인들에게 월 임금 216만 원을 유지하는 정책은 국가 재정에 큰 영향을 줄 뿐만 아니라 세대 간 형평성 문제로 번질 수 있습니다. 정책 대안을 결정하는 것은 재정적, 법적, 정치적 실현 가능성을 우선적으로 고려해야 합니다. 이러한 가능성들을 종합적으로 고려하여 우선적으로 실현 가능성이 높은 대안들을 선택하고, 선택된 대안들 간 효과성, 효율성, 형평성 등을 기준으로 가장 적절한 대안을 결정하는 것이 바람직할 것입니다.

정책 목표가 명확하게 정의된 상태에서 빅데이터 분석을 통해 무엇을 얼마나 변화시켜야 하는지 고려하여 결정한 정책 대안들은 소망하는 목표의 달성 가능성을 높일 것입니다.

Chapter 6.

Low code 시대가 왔네요.

Chapter 6.

Low code 시대가 왔네요.

지금까지 비주얼 파이썬을 활용한 다양한 분석을 통해 정책을 수립하는 과정을 함께 살펴보았습니다. 최근 사회 분야의 많은 데이터들이 축적되면서 빅데이터 분석은 정책을 설계하는 과정에서 더 중요한 역할을 차지할 것입니다. 과거에는 수많은 변수를 한 번에 연산할 수 있는 컴퓨팅 파워가 부족하거나 데이터를 분석할 수 있는 알고리즘이 충분히 개발되지 못하여 빅데이터 분석이 정책 과정에 매우 제한적으로 활용되었습니다. 하지만 빅데이터 분야의 폭발적 발전으로 이러한 장애물들이 해소되어 가고 있습니다. 이제 데이터만 있다면 과거에는 상상할 수 없었던 분석까지 가능하게 되었습니다.

이러한 엄청난 발전에도 불구하고 빅데이터 분석은 여전히 코딩의 영역으로 여겨지고 있습니다. 코딩은 빅데이터 분석에서 우리의 자유도를 제한하는 두려운 존재입니다. 좋은 아이디어와 통찰을 가진 많은 사람들이 코딩이 어렵다는 이유만으로 빅데이터 분석을 시도조차 하지 못하는 경우가 종종 있습니다. 하지만 이제 코딩을 예전만큼 두려워할 필요가 없습니다. 그리고 코딩은 더 이상 소수의 개발자 혹은 전문가만이 할 수 있는 영역이 아닙니다. 원리와 로직을 이해하고 있다면 누구든지 충분히 실행할 수 있는 분야로 발전하고 있습니다. 이것이 Low code의 지향점입니다.

우리가 배워야 할 것은 코딩이 아닙니다. 우리가 해결하고 싶은 문제에 적합한 알고리즘이 무엇인지, 또한 그것이 어떤 원리에 의해서 작동하는지 이해하고 있어야 합니다. 그리고 이 알고리즘을 적용하기 위해서 어떤 분석 과정을 거쳐야 하는지 파악하고 있어야 합니다. 아울러 이 분석 결과를 다른 사람들에게 이해시키고 설득하기 위해 무엇이 가장 효과적인 방법(시각화)인지 고민해야 하는 것입니다.

우리의 문제는 분류 문제의 지도 학습으로, 노인들이 삶에 만족하는지 예측하는데 연관성이 높은 중요 변수를 찾는 것이었습니다. 이를 위해 앙상블 모델의 랜덤포레스트 알고리즘을 활용했습니다. 랜덤포레스트를 사용한 이유는 적은 데이터를 가지고도 높은 성능을 보여 주며, 복잡한 전처리 과정(스케일 등)이 없어도 일관성 높은 결과를 도출할 수 있기 때문이었습니다. 더 높은 성능을 기대한다면 다른 앙상블 유형 중 부스팅 계열의 알고리즘인 'Gradient Boosting', 'XGBoost', 'LightGBM' 등을 활용할 수도 있습니다. 하지만 랜덤포레스트는 이러한 알고리즘에 비해 현업에서 사용하기에 더 편리하므로 상대적으로 효율성이 높습니다.

빅데이터 분석 과정은 데이터 전처리, 데이터 분할, 모델 생성, 모델 학습, 모델 평가, 파라미터 조정의 단계로 진행됩니다. 각 단계마다 수행에 필요한 모듈과 함수가 있으며, 이들 모듈과 함수를 작동시키기 위한 데이터 투입(input)의 형태와 속성을 파악하고 있어야 합니다. 그리고 모델의 성능을 평가하는 기준을 이해하고 있어야 합니다. 우리의 문제는 분류 문제에 속하므로 'confusion metric'이 평가 기준입니다. 즉 내가 예측한 답이 실제로 얼마나 맞추었는지를 평가하여 모델의 성능을 결정하는 것입니다. 아울러 모델의 과적합을 방지하고 성능을 높이기 위한 파라미터의 미세 조정이 필요합니다. 일반화가 높은 모델이 실전에서 높은 성능을 보여주기 때문입니다. 이를 위해 다양한 파라미터의 속성과 특성을 이해하고 있어야 합니다.

마지막으로 데이터를 시각화하여 상대방과 소통하는 것도 매우 중요합니다. 데이터는 많은 이야기를 담고 있으므로 상대방에게 어떤 이야기를 어떻게 전달하는 것이 가장 효과적인지를 고민해야 합니다. 그리고 어떤 시각화 방법과 그래프가 이 이야기를 잘 표현할 수 있을지도 알고 있어야 합니다. 우리는 그룹바이, 쿼리, 피벗 테이블로 내가 담고 싶은 이야기를 구성하고, 이것을 막대 그래프나 포인트 그래프 등으로 나타내었습니다.

이러한 과정을 모두 이해하고 각 단계별 특성과 속성, 그리고 작동 원리를 알고 있다면 이것을 구현하는 코딩은 단순 반복이 아닐 것입니다. 이제 더 이상 단순 반복에 좌절할 필요가 없는 Low code 시대가 다가왔습니다.

찾아보기

비주얼 파이썬으로

코딩 없이(Low code) 클릭으로 한 번에 빅데이터 분석하기

초판 1쇄 발행일 2023년 5월 31일

지은이 윤우제, 이래중
펴낸이 이영석

기획편집 이영석
마케팅영업 김준일
디자인 및 인쇄 동아사

펴낸곳 ORP 프레스
주소 서울특별시 서초구 서초대로 67, 성령빌딩
전화 02-3473-2206 홈페이지 https://www.orp.co.kr
팩스 02-3473-2209 이메일 orpedu@orp.co.kr

값 15,000원
ISBN 979-11-958008-6-5